英国皇家植物园栽种秘笈
水果

英国皇家植物园栽种秘笈
水果

［英］凯·马圭尔　著

邢彬　译

北京出版集团
北京美术摄影出版社

目录

* 本书每种植物介绍的左上方
会有该植物的种类描述，以供
读者参考。

简述水果的栽种

水果的价值

从最早的狩猎采集者第一次从果树上摘下水果开始，人类就爱上了水果。水果是大自然设计出来的诱人美味，让鸟儿、哺乳动物或昆虫吃掉它们，再把它们的种子散播开来。人类也发现了水果的美味，尝过之后，就再也忘不掉了。水果是让人开心又好吃的东西，上千年来，我们一直都在享受水果的美味以及水果带给我们的愉悦。

水果对我们的身体大有益处。新鲜水果富含人体所必需的维生素、矿物质、抗氧化物质和纤维。刚刚摘下来的、被太阳亲吻过的水果的味道与超市货架上买来的完全不同。新摘的草莓（ *Fragaria × ananassa* ）散发的香甜气息，刚从自家樱桃树上摘下来的饱满的酸樱桃（ *Prunus cerasus* ），都是无与伦

比的。当你第一次品尝收获的香甜果实时，你会发现，就连平时最常见且毫无特别之处的苹果（ *Malus domestica* ）吃起来都会有种全新的味道。

水果的用途也很广泛，很容易腌渍，或者加工成酸辣酱和果酱（详见《专题2：制作榅桲果冻》，第48页）、果脯（详见《专题6：完美的水果干》，第82页），制成果泥皮（详见《专题10：树莓果泥皮》，第114页）或瓶装的美酒（详见《专题5：制作乌荆子李金酒》，第74页）。因此，即便收获季结束，在未来的几个月甚至几年里，你依然可以享受夏季的美味和香气。

大部分的果树都是多年生植物。一棵树的成本要远远高于一包种子，并且需要养护一段时间才能开始结果，因此，在开始种植前，值得花些时间好好

对页左图 水果容易栽种，很适合在花园中与漂亮的观赏植物搭配种植

对页右图 购买果树可能会感觉有些贵，但它能在未来的许多年中不断地用果实来回报你

左图 不管你住在哪里，都可以将草莓种在吊篮里

思考一下你最想种的是什么（详见"栽种之前"，第 18 页）。幸好，栽种果树不需要什么特别的专业知识或技巧。除了刚开始需要投入些精力和费用之外，大部分的果树都会在未来的许多年中不断地用慷慨的果实来回报你。一旦种下去，果树是很容易养护的——不像种植蔬菜那样需要成天辛苦地劳作，也不像一年生的蔬菜那样每年都要播种。

几乎每个花园中的每个位置和每种环境都有适合栽种的果树，真可谓每个人都能找到适合自己的选择。如果空间有限，矮化砧（详见"砧木"，第 14 页）和小型品种能让最小的花园或阳台容纳下盆栽的果树，让每个人都有可能在一年中的某段时间里品尝到一点自家栽种的水果味道。另一个极端的情形是，如果空间特别大，则需要精心规划，这样能让你在一年中的每个月都能吃到自己栽种的新鲜水果。

无论你的花园在哪儿，都尽量从你喜欢吃的水果开始种起——可以是香甜软糯的无花果（*Ficus carica*）或酸青柠（*Citrus x aurantiifolia*），这样你就不大可能停下来了。水果是我们生活中不能割舍的一部分，自己栽种更是件乐事。本书介绍了不同类型的水果及其需求，帮助你确定哪些最适合种在你的花园、温室或暖房里。本书会启发并帮助你动手栽种并确保让你的果树健康生长，年复一年地为你带来丰收的美味和喜悦。

李（*Prunus domestica*）树等果树都属于农作物，会像其他树木一样自然生长。如今，多亏了现代的砧木和自体能育的品种，即便是窄小的空间里也至少能容纳一棵果树

浆果包括藤蔓浆果和灌木浆果，比如图中的红醋栗（*Ribes rubrum*），还有草莓

果树的种类

　　与蔬菜不同，大部分果树都是多年生植物——无论是木本灌木或攀缘藤本，还是多年生草本植物等，果树的寿命很长，在菜园中你是不会找到这样的蔬菜的。当你买下一棵果树，就是做了一笔投资，未来它会一次又一次慷慨地用美味的果子来回报你和你的子孙后代。

水果的种类

　　水果中主要的一类是生长在树上的，通常称作乔木果。这类水果要么

中间有坚硬的果核［如李、杏（*Prunus armeniaca*）、桃和樱桃，统称为核果类水果］，要么果实中央带有种子［如苹果、西洋梨（*Pyrus communis*）和欧楂（*Mespilus germanica*），统称为仁果类水果］。在单独的类别中，坚果是指树上结出的由坚硬外壳包裹着的肉里可食用的果仁，其中包括扁桃（*Prunus dulcis*）、核桃（*Juglans regia*）和欧洲榛（*Corylus avellana*）。

　　无核小果和瓜果包括所有的灌木浆果［如醋栗和鹅莓（*Ribes uva-crispa*）］、藤蔓浆果［如树莓（*Rubus idaeus*）和

黑莓（*Rubus fruticosus*）], 以及小型草本植物（如草莓）。最后，还有藤本和结果的攀缘植物［如猕猴桃（*Actinidia deliciosa*）、葡萄（*Vitis vinifera*）和甜瓜（*Cucumis melo*）］。

抗寒性

　　水果来自世界各地，原产于多种不同的气候区。因此，每个人不一定都能栽培自己心之所想的水果。很少有水果能在所有气候区结果和收获。水果的抗寒性可谓千差万别，有些仅能忍受几个小时的轻霜；另一些，比如苹果、杏和大部分品种的草莓，则可以长时间耐受严寒并且需要一段冬季的寒冷时期；而像西瓜（*Citrullus lanatus*）和柑橘属水果则是依靠着漫长的高温季节来生长、膨大和成熟的。

　　对于生活在耐寒区 2~7 的人们而言，首先要确定你想要种植的水果是否能够在户外越冬而不受伤害。如果不能，一间暖房可以有助于扩大你能栽培的水果种类——可加温的温室更是如此。不同的技巧还能增加你所能种植的水果种类或者延长收获季，比如利用透明的玻璃罩（或塑料罩）以及园艺用羊毛来保护植物。

耐寒区

　　每种水果条目都对应着相关等级的耐寒区，英国皇家园艺协会（RHS）划分出这些等级，以此显示植物在从高温到低温的环境中的生长状况。在等级为 1~2 的区域，植物全年都需要完全没有霜冻的环境。能够在霜冻环境下存活的植物属于等级为 3 及以上的耐寒区，数字越高表明温度越低，有些植物甚至能耐受冰点以下的温度。

　　想要进一步了解每个耐寒区等级划分的详情，可登录英国皇家园艺协会的网站查询（https://www.rhs.org.uk）。

乔木果

乔木果，也叫木本果。乔木果有苹果、西洋梨、樱桃、李、杏、油桃（ *Prunus persica* var. *nectarina* ）、欧楂、榅桲（ *Cudonia oblonga* ）、黑桑葚（ *Morus nigra* ），还有坚果，比如扁桃、榛子和核桃。除了结出美味果实以外，果树还能为花园带来高度和结构的变化，许多还会开出漂亮的花朵。

每棵树的个体形状和高矮取决于它生长的砧木（详见"砧木"，第14页）、栽培品种和修剪方式。大部分乔木果树可以作为独立的树木生长，比如果园里的果树或者草坪上的园景树，它们可以修整成限定的形态，比如单干形、棚篱形或扇形（详见"普通果树的整形"，第28页）。独立果树有矮化型、半矮化型和标准型。矮化型果树，中心呈开放状，直干为60~75厘米，非常适合小型花园；半矮化型果树的树干较长，大约为1.5米；标准型果树最大，树干为2米，整棵树能长至7米高。标准型果树只适合种在大花园或果园里。

只要你选对了栽培品种和砧木，是能够为不同大小的花园——从最大的果园到阳台上的简易容器——找到适合的果树的。

授粉

如果空间有限，需要切记的一点是，许多的乔木果树至少要和另一棵同种果树种在一起才能确保结果。

苹果树是最受欢迎的乔木果树；只要修剪得当，它们甚至能种在很小的花园里

要让所有的果树都能结果，它们的花朵就需要授粉——花朵中雄蕊花药上的花粉颗粒必须要传送到雌蕊的柱头上，授粉需要通过蜜蜂和果蝇等传粉昆虫进行，或者由风来完成。

有些果树品种是自体能育的，就是说它们可以自己为自己的花朵授粉，但是大部分的果树都需要和附近的另一棵果树完成异花授粉。因此，除非临近的花园里也种有果树，否则你至少需要能种下两棵果树的空间。每棵果树都必须是同种水果（例如苹果），还得是同一时间开花的不同品种，这样才可以促使昆虫从一棵果树的花上飞到另一棵果树的花里，随着它们的活动传粉。

为了方便种植者，让栽种可以简单和轻松一些，已经将果树划分出了授粉群[①]。苹果有7个授粉群，西洋梨有4个，李和樱桃各为5个。在购买果树时，一定要核实它们是不是自体能育的，如果不是的话，那么所购的果树必须同属一个授粉群。

要确保蜜蜂和其他传粉昆虫造访你的花园，你可以种些吸引它们的植物。这些植物可以是本土的，也可以是更富异国风情的，不过它们的花朵必须富含花蜜，花朵单生、结构简单、呈敞开状，方便昆虫进入。

---

① 授粉群（pollinating groups），果树开花的时间各有不同，有些初春就会开花，而有些则会晚一点。要确保果树彼此之间能够授粉，就必须保证同一种类但不同品种果树的开花时间大致相同，这是异花授粉的果树需选择同处一个授粉群果树的关键。——译者注

砧木

为了让所有人都有栽培果树的可能，可以将果树嫁接到不同的砧木上。这意味着一棵树的顶部连接着的是另一种树的砧木，因此，这个砧木控制着树体的生长速度和成熟期的大小。

近些年来，主要研究都聚焦在培育矮化砧上，树体更矮小，在生命周期中比原本的果树结果早，果实产量也更高。你所需的砧木类型取决于你希望果树最后能达到的生长大小，以及你是否想要修整你的果树——有些砧木更加适合特定的修整类型（详见"普通果树的整形"，第 28 页）。

砧木的名称和大小与产量毫无关联，起不到什么指导作用，通常只是提供了砧木是从哪里获取的信息。

苹果

苹果可用的砧木比其他种类的果树都要多。适合在小型花园里使用的砧木主要有 M27、M9 和 M26。

M27 是种非常矮的砧木，树体会长至大约 1.8 米，非常适合修整成单干形（详见"普通果树的整形"，第 28

左下 几乎所有的乔木果都是嫁接的，让你可以栽种小小的可结果的果树

右下 不同的砧木会影响成熟期树木的树体大小，因此要为你的空间选择大小完全适合的植物

页）。尽管 M27 很矮小，却不能种在花盆里，那样会让它们应力过大，所有的树体都需要永久固定和支撑。

M9 矮化砧上生长的果树，树体可长至 2~3 米，非常适合种在容器中，可修整成单干形、扇形和丛状形。所有的种类都需要永久固定和支撑。

M26 可长出半矮化的树形，3~4 米高，适合修整成单干形、棚篱形和扇形；可以种在容器中。在这种砧木上生长的树体仅在头两年需要固定和支撑。

MM106 和 MM111 是乔化砧，可长至 4~5 米高，而 M25 则可长至 5~6 米。在大花园、小围场和果园中，它们通常可以修整成扇形、棚篱形、半标准型和丛状形。

西洋梨

榅桲 C 和榅桲 A 是花园里种西洋梨的最佳选择。榅桲 C 为半矮化型，可长至 2.75 米高，能修整成单干形，适合种在容器里以及树势强健的品种。所有的树体都需要永久固定和支撑。

榅桲 A 是半乔化砧，可以长出约

左下 西洋梨最好嫁接在榅桲砧上，这种砧木更加矮小，比在梨木砧上结果要早

右下 无论你选择的是哪种砧木，你的西洋梨树至少需要固定和支撑 5 年的时间

3.5 米高的树体，它们仅需要在头 5 年里固定和支撑。这种砧木适合修整成扇形、单干形、棚篱形和半标准型。

樱桃

甜樱桃（*Prunus avium*）树是乔木，可能会长成花园里最大的果树。如果空间有限，最好修整成扇形。酸樱桃树是小乔木，可以修整成丛状形或扇形。

酸樱桃和甜樱桃的半乔化柯尔特（Colt）砧最适合修整成扇形。树体会长至 4 米高，适合种在果园和大花园里。吉赛拉 5（Gisela 5，G5）是最适合樱桃的半矮化砧，树体仅 3 米。不过，遗憾的是，只有少数几个品种能在上面生长，比如"斯特拉"（Stella）甜樱桃和"莫利洛"（Morello）酸樱桃。所有的树体都需要固定和支撑。

李、青李和乌荆子李（*Prunus insititia*）

矮化砧李和乌荆子李 VVA1 非常适合种在容器中，树体矮小，仅 2.5 米高。皮克斯（Pixy）的树体可长至 3~4 米，适合修整成丛状形、单干形和扇形。树体需要在头 4 年里固定和支撑。

圣朱利安 A（St Julien A）是使用最为广泛的李砧木，树体可长至 4.5~5 米高。它们可以修整成半标准型、丛状形和扇形。圣朱利安 A 上嫁接的果树比皮克斯砧上的晚一年结果。

毛桃（*Prunus persica*）、油桃和杏

VVA1 和圣朱利安 A 砧木广泛用于毛桃、油桃和杏的嫁接，它们都和李关系紧密。

无核小果

无核小果是个术语，涵盖了所有的非乔木水果。其中包括小型的、灌木丛组成的灌木浆果，比如鹅莓、蓝莓（*Vaccinium*）以及红醋栗、白醋栗（*Ribes rubrum*）和黑醋栗（*Ribes nigrum*），还有藤蔓浆果，比如树莓和黑莓。灌木浆果可以修整成不同的造型，是在当季的枝条还是下一季的枝条上长出果实，取决于种类。大部分的藤蔓浆果会在第一年长出藤蔓，在第二年出新藤的同时长出果实，随后在下一年结果。

草莓也归于此类中。这种小小的、茂密的草本植物会在每年秋季枯萎，随后在春季再次生发，于春季接近尾声时结果。

大部分的无核小果植物都具有多种用途，可以种在专用的笼中，让它们靠着墙或围栏生长，或者随意地混种在观赏花境中。许多无核小果都可以种在容器里，只要选对品种，草莓就能在窗槛花箱或吊篮里旺盛生长。几乎所有的无核小果植物都是自体能育的。

樱桃树是天生的大树，果实夏季成熟，是最早结果的果树之一

栽种之前

决定栽种水果之前，你需要先了解你的花园或种植空间。一些必要的因素，比如土壤、光照和树荫的程度、霜袋地和多风处，都会影响到你能栽种的果树作物。了解并认识自己的花园非常重要，可以避免让你栽种的果树和植物生长得太艰难。因此，花些时间去了解花园，留意太阳在种植空间的移动轨迹，土壤的干湿区域，树荫的位置以及冰霜最终在哪里融化。

土壤

所有新种的果树，每棵都需要给它选择最佳的位置才能茁壮生长，因为水果是多年生植物，要在地里生长很多年，所以刚开始的时候选择正确的位置栽种尤为重要。

知晓土壤的类型是指了解土壤的质地（是沙土还是黏土）和它的酸碱度（酸性的还是碱性的）。

大部分的水果都需要肥沃、透气、中性偏酸的土壤（酸碱度 6~7）。你可以从园艺商店购买操作简便的家用测试套装，以帮助你确定是否需要调整土壤的酸碱度来满足你的作物，不过你所能做的也是有限的。如果你的土壤酸碱度正好与某种水果所需的土壤酸碱度截然相反，那么最简单的办法可能就是去种点别的，或者在花盆里培育某种作物，比如使用杜鹃花科（Ericaceae）专用土在花盆里栽培喜酸的蓝莓。

土壤的排水性也很重要，从本质上来讲还是和土壤类型相关——是由黏土、壤土还是沙土组成的。黏土能很好地存留水和养分，但是天气干旱时容易板结；沙土具有良好的排水性，可养分很快就会被滤掉，到了春季很容易变热。壤土是由黏土、沙子和淤泥构成的混合土壤，十分肥沃并易于操作。

好在所有的土壤——无论何种类型——都能通过定期添加有机物来改善，比如自制的花园堆肥或者完全腐熟的粪肥，春季时可以挖开土层埋入或者作为覆盖物使用。

光照和温度

大部分水果每天都需要至少 6 小时的光照。对于你的水果来说，最明亮与最暖和的地方应该是温暖的、阳光充足的墙边和围栏处。在这里，阳光可以帮助作物生长成熟，促进作物长出健康的花苞，结出成熟、甜美、风味十足的水果来。

遮蔽物

大部分水果会受益于遮蔽物，在这里它们会免受强风的侵害，强风会损害新生发的植株、花朵和果实。在这里，水果周围的温度会略微升高，有助于减少病害，促进新生发植株的成熟，最重要的是，结果。此外，这里会使传粉昆虫更容易落在你的植物上，让它们不必来来回回奋力地在风中挣扎。

霜冻

霜冻可能是水果栽培者最为致命的劲敌，尤其是在植物开花时，低温会冻

大多数的水果，就算是自体能育的品种，也都需要依靠昆虫为花朵传粉，所以，遮蔽物至关重要

死花朵，也会害死作物。

水果的开花、结果和成熟都要在一年中完成，许多都是在年初开花，比如李、西洋梨、桃和杏。由于倒春寒会摧毁花朵，所以不要将水果种在霜袋处——花园里冷空气聚集的地方，通常是最低点，比如斜坡的底部。相反，将水果种在缓坡上，冷空气可以飘走。不过，温度在0℃以下时，始终要保护好不耐寒的植物，可以把它们挪入室内或者在原地用防护园艺用羊毛做覆盖。

对的植物，对的地方

评估过自己的种植场所后，你会确切地了解每一处的状况和条件，随后就能判断出你的花园能种好哪些水果。正如老话所说的那样"对的植物，对的地方"，这句话太适合用在水果上了。找到与你的种植条件相匹配的作物是唯一能确保成功和高产的方式，你的种植环境必须由所选择的水果来决定。

一旦确定好了上述条件，最重要的因素就是选择你爱吃的水果。找到你所钟爱的水果类型，集中精力搜寻商店里不常见或不大可能买到的品种。

花园规划

除非你非常幸运，有自己专门的水果园或种植水果的小块土地，否则你就需要将你的水果与你的其他观赏植物和可食用植物融合在一起。幸好，很多果树的花朵都很漂亮，有些还有着迷人的秋叶颜色，不过什么都比不过挂满成熟水果的果树更美。

如果空间有限，大部分的水果都可以种在矮化砧上（详见"砧木"，第14页）、容器里（详见"在容器里种植水果"，第33页），或者让它们靠着围墙或花园围栏生长，还可以将果树修整成单干形或矮丁字形（详见"普通果树的整形"，第28页）。在同一棵树上嫁接两三种不同品种水果的家庭树也是很不错的选择（详见《专题4：家庭苹果树》，第62页）。

带盆对裸根

为花园挑选水果时还有其他几种选择，果树售卖时有带盆的也有裸根不带土的。带盆植物全年有售并可栽种，而裸根植物仅在休眠季有售，即仲秋至早春期间。

裸根植物会在售卖前事先挖出，然后用布裹好，根系上不带土。它们比带盆的植物要便宜得多，有很多品种可供选择。

盆栽植物和带盆植物不是一回事。盆栽植物是指你买来的时候它们就生长在花盆里。带盆植物是指售卖前从地里挖出来后种在花盆里，用土盖住根系。秋季时，园艺商店多以这种方式售卖灌木水果，将成捆的植物插入花盆里。带盆植物比盆栽植物更加实惠，不过仅在休眠季有售。

购买果树

购买果树时，知识渊博的水果种植爱好者所经营的专门苗圃是最佳选择。不过，除非是本地的苗圃，否则你需要在网上购买，也就是说你无法亲眼看到所买的植物。因此，在众多的网络资源中，你不得不信任卖家，所以，一定要选择有信誉的店铺。传统的园艺商店和本地的苗圃一年中所售的果树种类有限。裸根的邮购果树仅在休眠季有售，而邮购的盆栽植物则全年都能买到。

购买时，始终要选择状态最好的植物，枝叶茂盛、健康，不能买那些叶子发黄或萎蔫的。如果可能，最好把带盆植物从花盆里倒出来，看看它的根系是否健康，是不是根满盆。不要选择还没有生根的植物，根部土球上的土还会掉落剥离的不能选。一收到裸根植物最好立刻拆封，如果不能马上栽种的话，可以先把它们斜放在一块空地上。

确定果树的树龄，绝大多数种类都尽量选择树龄为1年或2年的，或者选择3年树龄，已经修整好的植物，让你

如果你有空间，专门的水果罩笼可以保护你的水果不会被鸟或松鼠偷食

的起步更快一些。带羽饰的少女①，即主干上带有侧枝的果树，最适合整形成丛状形、纺锤形、金字塔形和单干形（详见"普通果树的整形"，第28页）。购买砧木前也要核实确认，这样才能长成你所期望的树木大小（详见"砧木"，第14页）。

工具和材料

苗圃和园艺商店里成套售卖的工具数量可谓惊人，会让人觉得这些都是栽培水果的"必需品"。事实上，你需要的工具取决于你种的是什么，比如乔木果树和甜瓜这种一年生作物所用的工具是不同的。总的来说，你应该购买几件主要工具作为开始。

无论你买什么，都不要在质量上打折扣。价格便宜的工具使用寿命不会很长。可以去跳蚤市场和二手集市看看，说不定能淘到质量好的"老式"旧工具。

基本工具

·园艺叉和园艺锹——用于挖坑和耕作土壤。
·手持工具（铲子和耙子）——用于栽种草莓和幼小的一年生植物，也可用于除草。
·软管——带喷嘴，用于浇水。
·整枝剪——用于剪枝和修整。

其他工具和材料

·植物支架（棍、桩、棚架、金属丝和羊眼螺丝钉）——支撑和修整成扇形、墙树以及藤蔓的攀缘植物，比如葡萄和猕猴桃。
·园艺麻绳——将植物捆绑在支撑物上。
·园艺用羊毛或园艺网——保护植物，免受严寒、害虫和疾病的侵袭。
·小号的软毛画笔——给被遮盖的、位于多风处的植物授粉用，也可以给花季中很早开花的植物授粉用。
·洒水壶——带有细孔，给幼苗和小型植物浇水用。
·肥料——大多数果树需要定期施用稀释后的液肥或者缓释肥颗粒。
·有机物（比如自制花园堆肥土或完全腐熟的粪肥）——覆盖在植物的基部周围；可起到抑制杂草、保持土壤水分和缓慢释放养分的作用。

---

① 这里将原文中的"Feathered maidens"直译为"带羽饰的少女"。在国外，人们把一年树龄的果树称作"少女"（maiden），以有"羽饰"（feathered）或"无羽饰"（unfeathered）两种方式售卖。——译者注

对页左上 购买植物时，始终要确保所买植物处于健康的状态

对页右上 专门的苗圃，比如专卖柑橘属果树的苗圃，可以给你提供非常宝贵的种植建议

对页左下 尽管并非必要，可一支小号的画笔有助于确保那些位置刁钻、不好触及的植物成功授粉

对页右下 整枝剪和修枝锯是重要的配套工具，是各类果树修剪和整形时不可或缺的必要工具

种植

新买的幼龄作物，初到你的花园时，对于生长环境的改变是很敏感的，因此你必须使它们的新生活有一个最好的开始。你可以提供它们喜欢的土壤条件和地理位置，未来它们会用丰硕的果实源源不断地回报你。

带盆植物全年都可种植，可如果夏季种，需要额外多次浇水。不过，最佳的种植时节是秋季，那时土壤湿润，仍有太阳的温热，在冬季到来之前，植物有充足的时间可以定根。

只要土壤没有冻结，裸根植物就可以在休眠季的任何时间种植。要记得一买回家就立即种下去，如果做不到，可以将裸根植物斜放在什么都没种的空地上，直到它们的固定栽种地准备好为止。如果土地冻得太硬，连暂时性栽种都做不到的话，打开裸根植物，每周一次把水浇透，直到可以种到地里为止。

栽种前的土壤准备

将地里的杂草连根一起全部清除，清理掉大块的石头，随后翻地。如果土壤为沙质的、贫瘠的或者板结严重，可以添加一层厚厚的有机物，比如花园堆肥土或者完全腐熟的粪肥，用园艺叉翻入，混进土壤中。拖着脚后跟走过调配好土壤的地方，踩实，随后耙平整匀。现在就可以开始种植了。

在土地里栽种果树

将裸根植物和带盆植物的根系在水里浸泡30分钟，然后取出沥干。挖一个坑，深度和根部土球一样，宽度至少是它的3倍，让根系有足够的空间可以生长。脱盆，整理好根系；然后将植物放入坑中，一定要确保土壤线刚好在裸根植物的茎上，或者盆栽植物盆土的顶部正好与坑中土壤表面齐平。将一根小棍横置于坑上，可以帮你找准深度。在根系周围填土，边填土边按压。浇透水。

种植果树时无须添加肥料。施肥实际上会阻碍植物定根，使植物的根系丧失向深处搜寻养分的动力。

支撑

所有在露天栽种的果树都需要支撑，帮助它们向上生长的同时也能帮助负荷结出的累累硕果。因此，种植完成后，需要立即在低于树冠下一点儿的位置插入一根短而圆的杆——你只需要固定好根系，让根能承受住风不会晃动即可，并不是说整棵树都不能随风摆动。将支撑杆固定在盛行风那侧，这样树会在风的作用下摇摆并吹离支撑杆，然后将2/3的支撑杆敲入土地中。在支撑杆和树之间放上衬垫，松松地绑在一起，以免果树和支撑杆直接接触相互摩擦。

对页左上 种植前，将新买来的植物的根系在水中浸泡30分钟

对页右上 挖一个坑，深度和根部土球一样，宽度为深度的3倍

对页下图 果树种好后，要立即用一根短短的、倾斜的杆来做支撑；在固定住根部的同时，仍能让主干随风摆动

25

园艺覆盖地布或黑色塑料膜可以防止草莓植物干得过快

覆盖物

果树栽好后，可以在基部周围覆盖大量完全腐熟的粪肥。这样有助于抑制杂草的生长并存留土壤中的水分，此外，随着分解，覆盖物中的养分会慢慢释放。要让覆盖物远离树干，以防树干腐烂。

个别强调：草莓

草莓基本上在哪儿都能生长。地栽会长得很好；不过它们紧凑的匍匐生长特性也很适合种在篮子里、花盆里和种植袋里，这样可以轻松地免除杂草和蛞蝓的侵扰。

种植前，将纤匍枝在水里浸泡几分钟。如果草莓作物不能立即栽种，可以将它们斜放在空的苗圃里或者在冰箱里存放几天，要确保根部始终湿润。

手持铲子在土地上挖一个小坑。然后将每根纤匍枝都放进去，让根系可以伸展，顶部在土面之上。如果种得太深，会腐烂；种得太浅，则会枯萎并死亡。将土压紧实，浇透水。

草莓是浅根植物，干得很快，但是它们又不喜欢积水的土壤，因此要少量多次地浇水。

让果树按照特定的形态生长

果树可以按照不同的方式修整。可以设定为特定的形态或者朝着某个指定的方向生长，这样做通常是为了节省空间，同时让采摘变得更加轻松，或者创造出迷人的花园特色，再就是提高产量。苹果树或西洋梨树等果树是最常见的，也是最容易修整的，可以修剪成很多种形态，而所有的核果树和无花果树都可以靠着墙和围栏修整成扇形。像鹅莓和醋栗这样的浆果可以靠着阳光充足的围墙或者在拱门和棚架之上修整成扇形。

果树既可以不加修整，作为一棵独立的树而存在，也可以修整成特定的形态。当果树与合适的砧木嫁接在一起时（详见"砧木"，第 14 页），可以通过修整在容器中生长，也可以种在极小的花园里或者超大的果园中。

修剪和整形通常是并行的，不同种类的果树也有属于它们自己的修剪需求和方式。不受形态限制的灌木果树不需要什么修剪，纺锤形需要较多的修整，特定的形态有单干形、扇形和墙树形，需要精细的修剪和整形。

自然形果树

这是最常见的果树形态（详见"乔

让果树按照一定的方向生长，比如这棵靠墙生长的杏树，能够更好地抵御早春霜冻

木果"，第 13 页），长枝型和短枝型果树都可以按照这种方式栽培（详见"普通果树的修剪"，第 30~31 页）。每棵自然形果树都会在冬季统一修剪（核果树于春季修剪）成杯状，一圈分枝围绕着开放形的中心。

普通果树的整形

限制生长的果树所占的空间非常小，通常结果早，产量也比自然形果树更高。只有短枝型品种可以用这种方式整形。一经整形，果树会在夏末完成剪枝，冬季会延缓生长，修整后阳光可以照射在树上，使树木成熟，促进来年果芽的萌出。

单干形是小空间的理想选择。果树以大约 45° 的斜角栽种，会沿着树干长出可结果实的短枝。

矮丁字形果树种在花境和小径边沿处会很好看，它们非常低矮，是长在矮茎上水平生长的单干形。

墙树形是靠着墙或金属支架扁平生长的果树，分枝在垂直的树干两侧反向水平生长。墙树形的整形是果树中最为复杂的，尽管购买整好形的成品很贵，不过却可以省去果树初步成形时所付出的时间和精力。

扇形果树的枝条呈扇子状，从中心向周围伸展，绑在暖墙或围栏的金属栅栏上。这种树形常见于核果树，比如樱桃树、桃树、杏树和李树，也适用于无花果树。

纺锤形和金字塔形均为小号的自然形，整形成顶部尖细的样子或者圆锥形。

浆果植物的整形

整形可以帮助浆果植物保持株形，可以防止果实过重压断茎干，还可以使浆果保持干净，不会接触到地面。

茎果，如树莓和黑莓，通常都是按照墙上、围栏或独立杆子上安装的金属丝的方向生长，不过它们爬在拱门、凉亭和棚架上时也很可爱，还有猕猴桃藤。灌木浆果，比如蓝莓和黑醋栗，不需要修整，不过鹅莓、红醋栗和白醋栗需要，既可以整成丛状形，也可以在金属丝围栏上或靠着墙修整成扇形和单干形。葡萄藤可以沿着金属丝围栏修整，长成一根或多根有结果枝组的主蔓，每年都会生发。

对页上图 果园中倾斜的或斜角的单干形可以让你在非常小的空间里种下多个品种的果树
对页左下 自然形果树是最为简便的栽培果树的方式，与其他树形相比，不怎么需要修剪和整形
对页右下 矮丁字形果树在花境和水果园的边沿处成了一道亮丽高产的风景线

修剪

大部分的果树即使不加修剪也能生长得相当不错，虽说产量会受限，可多少还是能结出些果实。不过，若要果树健康、有活力、漂亮好看，最重要的是多结果实，修剪是必不可少的。定期修剪不仅可以去除枯死的、即将枯萎的以及有病害的枝干，还能让植物充分接触到阳光和空气。这样做有助于水果的生长和成熟，可以防止因枝条繁茂拥挤所产生的真菌性病害的传播。剪掉交叠生长和彼此挨在一起的枝条，可以预防并降低因伤口引起感染的概率。

普通果树的修剪

在果树处于幼龄阶段时，需要剪枝，引导其长成健康的树形，在未来结出并挂满果实。一旦果树成熟了，就需要根据树形在冬季或夏季定期剪枝。冬季剪枝时，树叶已经完全掉落，可以让你对树形有清晰的感觉，相对于夏季剪枝会限制果树的生长而言，冬季剪枝可以赋予生命力旺盛的果树更加强劲的成长势头。

定期修剪掉一些过老的枝条，可以让植物充分接触到阳光和空气

为新长出的短枝型果树剪枝，留出成对的芽以形成短枝

核果树，比如樱桃树、李树、桃树和杏树，必须始终在春季或夏季，即活跃的生长季时修剪，这样做可以避免病害在休眠季通过修剪的伤口侵入果树。

大部分的果树都是在短枝或长枝上结果，因此在修剪前有必要弄清楚你的果树在哪里结果。短枝型是最常见的果树，会在短而粗的新枝或超过两年的短枝上结果。这种果树每年都需要将树枝修剪成短枝的状态。

长枝上结出的果实是长在前一年生长出来的枝条上的。这种果树通常生命力旺盛，因为如果剪掉所有的结果梢则意味着去除结果枝，这样做就不能再结果了，所以这类果树并不适合修整成限定的树形（详见第 28 页）。不要剪枝，而是要为来年的果树保留大量的新枝。

浆果植物的修剪

每棵浆果植物都有属于自己的修剪需求，这取决于它们的果实是当下的还是上一季结出的。不过，所有的浆果都需要定期修剪，去掉拥挤杂乱的枝条，

剪掉杂乱丛生和拥挤交叠的枝条，使植物的中心呈开放状态，有助于果实的发育和健康

成为无遮挡的、平衡的植株。

茎果（除了秋季结果的树莓外）的果实都是上一年发育而成的，因此，需要在每年夏季末修剪。剪掉所有靠近地面的结果枝，再将新的枝条绑好后为下一年做准备。不过，秋季结果的树莓会在晚冬时修剪，去除所有低至地面的枝条。

灌木浆果，如红醋栗、白醋栗和鹅莓，应在初春时修剪，而黑醋栗应在每年的冬季修剪。

葡萄也需要在初冬时修剪。

基本的修剪技巧

尽管每株植物都应该区别对待，不过以下技巧适用于多种植物，无论你修剪的是什么都能有所帮助。

· 始终要确保你的修剪工具足够锋利，这样才能使剪切口平整光滑。修剪要用对工具，强行使用错误的工具会对茎干或枝条造成无可挽回的损伤。

· 整枝剪是很好的工具，适用于一切粗细和宽度不超过手指的茎干和枝条，可以剪短根出条或变稀的短枝。旁路剪比铁砧剪剪出的切口要更平整，铁砧剪更像是在挤压而不是剪切。

· 使用长柄修枝剪来修剪比手指粗的枝条。

· 修枝锯可用于整枝剪或长柄修枝剪处理不了的枝、茎、干。

· 可能需要用到梯子才能够到果树高处的枝条。

· 所有的切口在芽的略上方一点处以一定角度向下斜切。如果残端留得太

始终保持工具的绝对清洁

核果树，如毛桃树、李树、油桃树和杏树，都易患银叶病，而苹果树和西洋梨树则容易感染细菌性穿孔病，所以一定要让所有的修剪工具保持绝对的清洁以避免感染。如果一次要修剪多棵果树，换树修剪时一定要擦拭和清理工具，避免将一棵树上携带的病害传染到另一棵树上。

长，会使枝条枯萎，由此增加发生病害的概率。

· 首先去除所有枯死的、即将枯萎的和有病害的枝条，然后再处理掉交叉或彼此挨在一起的枝条。

· 在将枝条往主干处修剪时，始终要留出一小圈来帮助诱导果树愈伤组织的形成。

· 分阶段修剪掉或大或长以及粗重的枝条，防止撕裂树干上的树皮。

将类似柑橘属水果的不耐寒的植物种在花盆里，便于在气温降低时移入室内

上图 草莓是盆栽的理想作物，小且易成活，种在什么样的容器里都行

下图 种植袋非常适合用于种植甜瓜等一年生作物，每个袋可种两个瓜

在容器里种植水果

人们总认为自己需要极大的空间种植水果，脑海中会浮现出果园中看不到尽头的成排的苹果树、西洋梨树和李树，耳边则会充斥着蜜蜂忙碌的嗡嗡声，又或者会想象自己在大大的、步入式水果罩笼中，里面全是垂吊着浆果的灌木。然而，对于我们中的很多人来说，唯一的选择只能是经常在容器里栽培水果。

幸好，几乎所有的果树都能在花盆中生长，可以把花盆放在阳台上。事实上，用容器栽培水果有很多好处，不仅适用于空间有限的人，通常也是我们所有人的一个不错的选择。

使用花盆可以让你根据植物的特殊需求来定制土壤，比如蓝莓喜欢酸性土壤。再有就是假如你的花园土壤贫瘠，你就需要为植物提供更好的土壤。盆栽水果的挪动也相对简单：春夏时节可放在温暖的地方接受阳光的照射，到了冬季可避开霜冻易发的地方，此外，也更容易防止害虫和疾病的侵害。小的果树可以悬挂园艺网防鸟或者覆盖园艺用羊毛御寒。对于像草莓这样更小的植物而言，可以挪入室内，增加季节两端的产量。

选择适合的盆栽砧木

选择果树时，要找到合适的紧凑型品种和矮化砧木。砧木有助于控制果树的活力，已经培育出许多专门用于盆栽的类型（详见"砧木"，第14页）。购买果树时，请在标签上查看以下砧木的详细信息：

· 苹果——M9，M26
· 西洋梨——榅桲 C
· 樱桃——吉赛拉 5
· 李、欧洲李和乌荆子李——皮克斯、圣朱利安 A
· 毛桃、油桃和杏——皮克斯、圣朱利安 A

在容器里栽种果树

你的果树会在花盆里存活很长时间，因此一定要确保所选的容器足够大。找几个规格比果树自带容器大一些的花盆——刚开始选择直径 40 厘米的比较合适。栽种前一定要把容器放在合适的位置上，因为等种好之后花盆搬起来会非常重。

使用质量好的、以壤土为主的盆栽用土，与无土的多用途基质相比，这种土更黏重也更稳定，能更好地保水和贮存养分。

在花盆中填入 1/3 的盆栽用土，然后放入果树，确保放在合适的水平线上——土壤线在裸根植物的茎干处或者盆栽用土的顶部，在花盆上沿以下 3 厘米处。用土覆盖住根及周围，将土向下压紧，直到植物稳固，土壤表面和容器的上沿仅空出一小段距离。这样做更方便浇水。将果树用水浇透。

盆栽水果的养护

比起地栽水果，盆栽水果需要更为精心的养护。盆栽植物赖以生存的水分和养料供给受限，需要我们不断地为它们添加。

全年都要留意盆栽水果。干旱的夏季每天都需要给它们浇水，一旦开始开花，就需要每周补充高钾肥直到果实成熟。

每隔两三年，需要为盆栽果树更换大一些的花盆和新的盆土。待植物长到直径为 50~60 厘米的花盆的大小时再更换成大一个规格的花盆。此后，只需要简单修根，在原花盆里填入新土后种回即可。在不用换盆的几年间，每年春季，可以刮除 5 厘米左右的顶部盆土，再铺上新的盆土来促进植物的生长。

对页左上 每隔两三年，可以为多年生水果更换大一些的花盆，并更换新鲜的盆土

对页右上 夏季要经常查看盆栽植物的情况，如有必要，每天都给它们浇水

对页下图 为盆栽植物提供最佳的盆栽用土，千万不要使用园土，里面可能藏有害虫和病菌

乔木类水果

青柠

Citrus × aurantiifolia

青柠有两大类：酸青柠和甜青柠。它们都很漂亮、紧凑、自体能育，能在花盆中生长得很好，花朵有香气。花朵、膨大的果实和成熟的果实经常同时出现在树上。

哪里种

阳光充足的位置有助于果实的成熟。在凉温带气候下，可将盆栽的青柠树移入温室或阳光房中（详见《专题1：在花盆里栽培柑橘属果树》，第42页）。青柠树喜欢肥沃、排水良好的土壤。

如何种

购买树龄为3年或以上的嫁接好的果树。果树要浇透水，如果太干会导致落果。全年都要施用专门的柑橘属果树肥料。在凉温带地区，冬季要让果树几乎保持干燥状态，待春季气温回升后再重新规律浇水。摘除果实。冬季重新为青柠树整形，均衡树势。夏季掐掉生长旺盛的尖端，同时移除嫁接结合部下方萌生的新枝条。

栽种秘笈

增加果树周围的湿度，为植物喷水雾或将盆栽果树放在盛有潮湿沙砾的托盘中。将多种植物放在一起也有帮助。

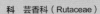

科 芸香科（Rutaceae）
高度和冠幅 （1~1.5）米×（1~1.5）米 （在花盆中）
耐寒性 耐寒区2
位置 温暖、阳光充足、有遮蔽物且潮湿
收获季节 冬季

青柠中的糖和酸的成分都比柠檬（*Citrus × Limon*）要高，外皮还具有独特的花香。

知名的变种
- "塔希提"（Tahiti）青柠，也称波斯青柠，属甜青柠，无子、果实小、非常美味，果树产量高。
- "西印度"（West Indian）青柠，也称墨西哥青柠，属酸青柠，果实小而圆，有少量子。

葡萄柚

Citrus × aurantium，也写作 *C. × paradisi*，也叫西柚

葡萄柚据说是橙子（*Citrus × aurantium*）和柚子偶然杂交后的产物，结出的果实是柑橘属植物中最大的，直径可达15厘米。果皮为黄色，果肉有白色、粉色或红色之分，味道从甜和酸到酸和苦。美丽的、自体能育的果树长着富有光泽的常绿叶片，花朵芳香，果实簇生。

哪里种

葡萄柚需要种在没有霜冻的地方——气温在15℃以上且需要长期保持温暖和光照，以便果实成熟。最好种在土壤肥沃、排水良好的地方。在凉温带气候下，可在室内盆栽养护（详见《专题1：在花盆里栽培柑橘属果树》，第42页），夏季到来时再挪到室外。

如何种

夏季要浇透水，最好是雨水。到了冬季，要让葡萄柚树保持干燥，可使土壤表面变干后再浇透水。全年里每周都要给果树施加柑橘属植物专用肥。如果是在室内养护，要保持空气潮湿。夏季时去除生长旺盛的新枝末端，冬末时疏剪过密的徒长枝，并剪掉1/3的纤细花枝。

栽种秘笈

每年春季为葡萄柚树换盆，或者用新的盆栽用土替换掉顶部5厘米厚的盆土。

科	芸香科
高度和冠幅	5米×3米
耐寒性	耐寒区1c
位置	温暖、阳光充足且有遮蔽物
收获季节	冬季

某些葡萄柚品种的粉色或红色果肉上有色素沉着，是长期处于高温环境下所形成的，对味道没有影响。

知名的变种

- "专属金"（Golden Special）葡萄柚，也称新西兰葡萄柚，果皮呈金橙色。
- "马叙"（Marsh）无核葡萄柚为常年开花变种，无子，白肉。
- "红宝石"（Ruby Red）葡萄柚的果树树形高大，枝叶茂盛，红色的果肉甜美多汁。
- "星彩红宝石"（Star Ruby）葡萄柚的果实多汁、皮薄、果肉呈深红色。
- "威尼"（Wheeny）葡萄柚的果树非常茂盛，会结出很多大而多汁的甜美果实。

橙子

Citrus × aurantium 也写作 *C. sinensis*，也叫甜橙

芳香的花朵、富有光泽的常绿叶片以及独特的、圆球形亮橙色果实，都出自这些惹人喜爱的、自体能育的果树。在温室或者在户外温度10℃以上的条件下，橙子树会在开花的同时结果。橙子通常可分为3类——夏橙、血橙和脐橙，其中最具商业价值的橙子属于夏橙类。

科 芸香科	
高度和冠幅 6米×3米（在花盆中为1.5米×1米）	
耐寒性 耐寒区3	
位置 温暖、阳光充足且有遮蔽物	
收获季节 夏季至秋季	

哪里种

可以种在直径不小于50厘米的花盆里（详见《专题1：在花盆里栽培柑橘属果树》，第42页）。橙子树需要置于阳光尽可能充足的地方以确保果实成熟，需要无霜冻的条件，因此冬季时可在室内养护或者从户外挪入室内。橙子树喜欢土壤肥沃、排水良好的地方。

橙花香气浓郁，其精油是香水产业的重要原料。

如何种

橙子树需要定期修剪。在冬季整形，掐掉夏季时长得过长的枝条末梢，同时去除嫁接结合部下面的所有新枝。春季上盆。春夏两季要浇透水，秋冬季节则每隔几周浇一次水。全年都需要施用柑橘类植物专用肥。

栽种秘笈

气候干旱时要给橙子树充分浇水，尤其是孕育花朵和果实的时候。增加橙子树周围的湿度，喷水雾或将盆栽果树放在盛有潮湿砾石的托盘中。

知名的变种

- "拜亚"（Baia）橙生长旺盛，是甜美多汁的无子脐橙。
- "矮坎贝尔"（Dwarf Campbell）橙是一种矮小的、果实成熟早的夏橙。
- "莫罗"（Moro）橙是血橙的一个变种，具有独特的红色果肉，甜美的果汁中有一丝树莓的味道。
- "特罗维塔"（Trovita）橙是高产的水果，可以直接食用和榨汁，该变种的果实在凉温带地区能很好地成熟。

专题 1：在花盆里栽培柑橘属果树

　　容器栽培让我们所有人，无论住在哪里，都有机会种植不耐寒的水果。对于居住在凉温带地区的人们，在花盆里栽种不耐寒的水果意味着可以长久地在室内养护，可以放在温室或暖房里，或者是家中凉快的地方，比如门廊；等到了夏季，可以把盆栽的果树放到外面的阳台或露台上，待气温开始下降时再挪入室内。

　　柑橘属果树很美，树形不大，常绿的叶片富有光泽，芳香的花朵全年盛开。不过，所有的柑橘属果树都不耐寒，比如柠檬、橙子、葡萄柚和青柠，需要一直处于温暖条件下，气温不能低于10℃。

　　每棵果树都需要种在直径至少为 50 厘米的容器中。如果你打算把果树搬进又搬出，那么最好选择轻质的塑料或玻璃钢花盆，不要选沉重的陶土花盆，这样可以使全年的工作完成得轻松些。可以买到柑橘属果树的专用土，你也可以自己配制，在以壤土为主的盆栽用土中混合 20% 的纯沙来提高排水性。

　　夏季要经常为植物浇水，让它们自由排水，到了冬季，则要让植物保持干燥状态，要等到盆土干透之后再浇水。柑橘属果树需要定期施肥。夏季，在植物长出茂密的绿叶时，施高氮肥；冬季，在果树开花、果实成熟的时候，则要给它们补充通用型的肥料。春季的时候换盆，或者将上面 5 厘米的盆土换成新的混合土。

1 柑橘属果树生长得极其缓慢，因此可以通过购买树龄至少3年的果树来提高收获果实的机会。

2 柑橘属果树全年开花，果实需要很长时间才能成熟，因此会经常看到花朵和果实同时出现在果树上。

3 柑橘属果树喜欢一周一次痛痛快快地喝饱水，就算浇水间隔期间果树有点儿干也不要紧，它们不喜欢频繁地、每次就浇一点儿的浇水方式。

4 开花期间或花开后可以在柑橘属果树周围喷水雾来增加湿度。将花盆放在盛有潮湿砾石的托盘中也有帮助。

5 柑橘属果树需要小幅修剪，尤其是矮化的盆栽品种。冬季整形，剪去夏季时长得过长的枝条末梢。

金柑

Citrus japonica，也写作 *Fortunella japonica*，也叫金橘、中国橙

金柑比其他柑橘属水果还不耐寒，结出的小小的橙色果实可以整个食用，外皮甜，果肉非常酸。果树枝叶繁茂，自体能育，果实产量很高。

哪里种

金柑树需要较高的温度才能开花结果，因此在凉温带地区，最好在室内养护。金柑树喜欢潮湿、排水良好的土壤，适合盆栽（详见《专题 1：在花盆里栽培柑橘属果树》，第 42 页）。

如何种

定期为金柑树施用柑橘属植物专用肥，冬季施肥次数减少至每月一次。生长季要充分浇水，其他时期要少浇。可以通过在温室的步道上浇水或喷水雾的方式为植物保湿。冬季末或春季为植物整形，去掉夏季新生枝条的末梢。

栽种秘笈

在春季为金柑树换盆，盆中放入新鲜的、以壤土为主的盆栽用土，容器则换成大一些的型号。

知名的变种
- "金弹"（Meiwa）金柑可以结出许多圆球形的、味道浓郁的果实。
- "长实"（Nagami）金柑的果实小巧玲珑，为亮橙色，卵圆形。

科	芸香科
高度和冠幅	3米×2米
耐寒性	耐寒区1c
位置	温暖、阳光充足、有遮蔽物且潮湿
收获季节	秋季至冬季

金柑最初归于柑橘属，后来它的发现者，1846 年将金柑引入西方的罗伯特·福琼将其归在了金橘属。不过，最近金柑再次被划入了柑橘属。

柠檬

Citrus × limon

柠檬树树形小、芳香、常绿，只要在温暖的条件下，就会开出带有香味的花朵，漂亮的花朵和果实经常同时出现。

哪里种

柠檬树需要漫长、温暖、潮湿的生长期——至少 6 个月温度都要保持在 20℃并且冬季无霜。在凉温带地区，可将柠檬树种在直径不小于 50 厘米的容器中，夏季置于温暖、阳光充足的地方，冬季挪入室内（详见《专题 1：在花盆里栽培柑橘属果树》，第 42 页）。柠檬树喜欢土壤肥沃、排水良好的地方。

如何种

柠檬树长得很慢，因此要购买树龄至少 3 年的果树。充分浇水，全年都施用柑橘属植物专用肥。喷水雾或将盆栽果树放在盛有潮湿砾石的托盘中来增加湿度。疏果，使剩余的果实更好地长大和成熟。如果需要，冬季为果树整形，去除夏季旺盛生长的枝条末梢以及嫁接结合部以下的所有新枝。

栽种秘笈

在凉温带地区，冬季要使柠檬树保持干燥，等到春季气温回升后再恢复浇水的频率。

科	芸香科
高度和冠幅 6米×1.25米/［在花盆中为（1~1.5）米×（1~1.5）米］	
耐寒性 耐寒区2	
位置 温暖、阳光充足、有遮蔽物且潮湿	
收获季节 冬季	

1747 年，海军卫生的先驱，苏格兰医生詹姆斯·林德，实施了可能是第一次的临床实验，随后发展出柑橘属水果能治愈坏血病的理论。

知名的变种
- "加里的发现"（Garey's Eureka）柠檬，也叫尤里卡柠檬，可耐受 1℃的寒冷，果实呈明亮的金黄色，果味香浓。
- "里斯本"（Lisbon）柠檬是经典的数代相传的变种，中等大小，味道香浓，子少，果皮光滑。
- "迈耶"（Meyer）柠檬比其他柠檬更小更圆，果实味甜，呈深金橙色，可在 5℃的条件下存活。
- "莫纳切洛"（Monachello）柠檬表皮粗糙，酸度低，子少。

四季橘

Citrus × microcarpa，也叫加利蒙地亚橙、巴拿马橙、菲律宾酸橙、卡曼橘

四季橘是金柑和柑橘的杂交品种，果树不大、很漂亮、装饰性强，叶片富有光泽，花朵有甜香，呈星形，果实小而圆，呈橘红色。四季橘也是自体能育的，很容易养活，很适合第一次栽种柑橘属果树的新手。

科	芸香科
高度和冠幅 2米×1米	
耐寒性 耐寒区3	
位置 温暖、有阳光或半阴、有遮蔽物	
收获季节 夏季至秋季	

哪里种

四季橘喜欢肥沃、排水良好的土壤。可以种在容器里（详见《专题1：在花盆里栽培柑橘属果树》，第42页），放在温暖、阳光充足、有遮蔽物的地方，冬季时挪入室内，或者在温室里养护。

如何种

生长季要充分浇水，保持土壤略微潮湿；秋冬季减少浇水次数，待土壤干透后再浇水。保持果树的湿度：喷水雾或者种在潮湿的鹅卵石上。春季为果树追肥。春季至秋季要定期施加柑橘属植物专用肥，冬季一个月一次。冬末或早春时为果树整形。对于枝叶茂盛的果树，去除夏季新枝的末梢。春季换盆，换成比之前规格大一号的容器，里边放入新鲜的、以壤土为主的盆栽用土。

尽管四季橘的装饰性很吸引人，可是不要冒险养在装有中央空调的房间里，因为空气会太干而导致植物脱水。

栽种秘笈

果实一旦成熟就立刻摘下来。刚从树上摘下来的小小的、多子的果实直接吃有些苦，不过做成果酱或泡在白兰地里会很美味。

知名的变种
● "老虎"（Tiger）四季橘的叶片有斑点和条纹，枝叶茂盛的树上结着大量的亮橙色果实。需剪除枝条的末梢来保持树形。

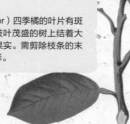

榲桲

Cydonia oblonga

由于在商店里几乎找不到，所以这种美味的水果值得栽种，不过需要付出些耐心。果实会紧随可爱的粉色花朵之后出现，不过需要等待一整个夏季，到了可以摘果的时候却仍然是硬硬的还没成熟。榲桲需要时间软化变甜，慢慢释放出令人陶醉的香气。烤榲桲十分美味，还可以把榲桲放在苹果派里或者做成果冻或果酱（详见《专题 2：制作榲桲果冻》，第 48 页）。

科	蔷薇科（Rosaceae）
高度和冠幅	（3~5）米×（2~4）米
耐寒性	耐寒区5
位置	温暖、阳光充足且有遮蔽物
收获季节	仲秋

哪里种

榲桲树具深根性，喜欢肥沃、保水性好的土壤。早花易受霜冻的损害，可以给它选一处温暖、有遮蔽物的地方。

如何种

榲桲修整成丛状形或标准树高的 1/2 时最易存活。它们自体能育，但如果种的榲桲树不止一棵的话，结出的果实会更大。榲桲可以自己生根，也可以嫁接在砧木榲桲 A 或榲桲 C 上。冬季修剪榲桲树以保持良好的外形，春季施肥并用覆盖物覆盖基部。春季和夏季干旱的时期要充分浇水。

国王爱德华一世把第一批榲桲引入了英格兰，于 13 世纪在伦敦塔的庭院里种植了 4 棵榲桲树。

栽种秘笈

可以将果实留在树上，这样做可以使果味更加浓郁，随后摘下果实，存放 6~8 周。果实会慢慢地变甜变软直到变黄，散发出甜美的果香。

知名的变种
- "冠军"（Champion）榲桲成熟早、产量高、果实大、呈梨形。
- "莱斯科瓦茨"（Leskovac）榲桲的果实早熟，呈苹果形。
- "丰硕的米奇"（Meech's Prolific）榲桲长势旺盛，仅仅 3 年就能结出硕大的果实。
- "雷的猛犸象"（Rea's Mammoth）榲桲结出的果实又大又多。
- "万加"（Vranja）榲桲的果实又大又甜，果香浓郁，适合在凉温带地区种植。

专题 2：制作榅桲果冻

　　榅桲是一种古老的水果，市面上很少有人售卖，许多种植者都不认识，可能因为他们基本上没有吃过未经加工的、从树上摘下来的榅桲。榅桲果肉原本是黄色的，不经烹煮会硬硬的，还有些苦，烹调后则会果香充沛、风味十足。榅桲的果肉呈粉红色，可以为酸辣酱、果馅派和果馅饼增香添色。榅桲中果胶的含量非常高，因此非常适合做成果冻、果酱和蜜饯，比如西班牙榅桲甜酱门布里罗（*membrillo*），通常会用来搭配奶酪食用。

　　制作简单的榅桲果冻，将 2 千克成熟的榅桲切碎，放入深平底锅中。加入 1 个柠檬挤出的果汁和它的外皮，倒入足量的水没过切碎的榅桲。将混合物烧开，然后煨煮约 1 小时左右，或直到榅桲软烂为止。将果肉用果冻滤袋或平纹细布过滤，注意不要按压。将果冻滤袋悬挂在碗的上方，让汁液慢慢地滴入，至少需要 4 小时左右，或者最好过滤一夜。将滤出的果汁倒回深平底锅中，每 100 毫升榅桲汁中添加 75 克糖。将混合物烧开，不停地搅拌使糖溶化，直到果汁凝固。你可以取一点儿放在碟子里静置 1 分钟测试，如果触碰时果冻会变皱，说明已经做好了。将榅桲果冻装入消过毒的罐子里，存放在阴凉干燥的橱柜里，可以保存 1 年。

1 一定要使用成熟的、没有疤痕的果实。果皮上带有茸毛的榅桲还未成熟，需要先存放在室内，待成熟后再使用。

2 榅桲去皮或切开后，很快就会氧化变黑，可以在上面直接涂上柠檬汁或者泡在挤有柠檬汁的水里。

3 将榅桲切大块，再与柠檬同煮，过滤之后加糖。

4 众所周知，榅桲果冻和奶酪是一对好搭档。此外，榅桲果冻还很适合搭配烤面包片和黄油，和烤羊肉一起吃也很不错。

5 榅桲果冻做好后，不要丢掉果冻滤袋中的果肉。可以将这些果肉制成黏稠的甜酱门布里罗：每100 克果肉添加 75 克糖，然后冷却至凝固。

柿

Diospyros kaki，也叫中国枣李、莎隆果、柿子（kaki）

柿树是美丽的、生长缓慢的落叶乔木，会结出富有光泽的、南瓜形的果实，有黄色的、橙色的或者红色的。果肉光滑，像糊糊一样，吃起来有点儿像杧果。

哪里种

柿树要种在肥沃、排水良好的土壤里，需要良好的通风，栽种时不要靠墙。在凉温带地区，可以种在温室或暖房里。

如何种

要想很快收获果实，可以寻找自体能育的品种和嫁接的果树——这样的果树应该能在 3 年或 4 年以内结果，而不是通常的 7 年以上。许多其他的柿树品种附近都需要有一棵雄树才能传粉。柿树相对来说比较耐旱，不过在干燥的夏季需要浇水。用覆盖物覆盖树的基部也有帮助。不要过度施肥。到了冬季，可以修剪幼树来强化树形。让果实留在树上慢慢成熟，采摘时需完整地保留果柄和宿存萼。将果实放在室内进一步成熟，成为软糯的果冻质感。

栽种秘笈

和低温相比，寒冷和潮湿的气候会害死甜柿品种，这类柿树适合干燥的冬季。涩柿品种更适应凉温带和较为潮湿的气候条件。

科	柿科（Ebenaceae）
高度和冠幅	12米 × 8米
耐寒性	耐寒区4
位置	全日照且有遮蔽物
收获季节	秋季

柿树，一种古老的中国树，被联合国选为和平树，因为 1945 年长崎原子弹爆炸后，柿树是附近唯一幸存下来的植物。

知名的变种

涩柿类

- "蜂屋"（Hachiya，自体能育）柿，果实呈橡实形，待完全成熟后再吃。
- "磨盘"（Tamopan）柿的果实很大，为红橙色。

甜柿类

- "富有"（Fuyu，自体能育）柿，果实扁圆，这种甜甜的水果在没有完全成熟之前就能吃。
- "哈娜富有"（Hana Fuyu，自体能育）柿，是矮化型，果实很大，橙色中略带红色。
- "耶茨"（Yates，自体能育）柿，是嫁接出来的美国变种。

枇杷

Eriobotrya japonica，也叫日本枇杷、日本李、尼斯佩罗（nispero）、奈斯波罗（nespolo）

枇杷是自体能育的常绿乔木，叶子像毽子一样，叶片大、醒目、多皱。奶油色的花朵有香味，冬季开放，随后会结出一串一串美味的梨形果实，看起来有点儿像杏，但味道介于桃和杧果之间，还有一丝柑橘的味道。

科	蔷薇科
高度和冠幅	7米×5米
耐寒性	耐寒区4
位置	阳光充足且有遮蔽物
收获季节	春季

哪里种

适合种在肥沃、排水良好的土壤中，置于温暖、阳光充足的地方。枇杷最适合热带环境，在温度不低于15℃的条件下才能自由地开花结果。因此，在凉温带地区需在玻璃温室中栽培。

尽管拉丁名中出现"日本的"（*japonica*），可枇杷其实是来自中国中部和南部的凉爽山区。不过，枇杷在日本也种植1000多年了。

如何种

在干旱时期需要频繁浇水，每月施加高钾液体肥。剪掉春季生长过旺的枝条末梢，去除死枝、病枝和交叠生长的枝条。待果实变成深金黄色且开始变软就可以收获了。

栽种秘笈

白色果肉的变种，比如"维斯塔"（Vista），较其他枇杷变种要成熟得晚一些，更适合种在凉温带或沿海地区。

知名的变种

- "早红"（Early red）枇杷的果实大，甜美多汁，果皮为橘红色，有白点。
- "凯塔亚金"（Kaitaia Gold）枇杷的果实小而紧凑，有少量茸毛，呈黄色，有着很好的酸甜平衡。
- "茂木"（Mogi）枇杷的果实硬实，呈金黄色，味道甜，有李和杏的风味。
- "泰姆斯的骄傲"（Thames Pride）枇杷，树形小，果实多且美味，相较于其他变种，不易受到毛虫的侵害。
- "维斯塔白"（Vista White）枇杷的果实为浅黄色，果肉为白色。
- "维基金"（Wiki Gold）枇杷的花朵毛茸茸的，白色，有香味，果实很大，呈金黄色。

无花果

Ficus carica

无花果的果树树形优美，自体能育，属小型树或灌木，会结出甜美独特的果实。只要选择耐寒的品种并在冬季提供一定的防护，无花果就可以在凉温带的户外愉快生长。

科 桑科（Moraceae）
高度和冠幅 3米×4米
耐寒性 耐寒区4
位置 阳光充足且有遮蔽物
收获季节 晚夏至早秋

哪里种

无花果树喜欢良好的排水和限制根系（详见《专题3：种植无花果树》，第54页）。要确保果实能在凉温带地区成熟，可以将无花果种在可加热的温室里或者靠着温暖、阳光充足、有遮蔽作用的墙栽种。冬季可以覆盖园艺用羊毛或将盆栽的无花果植物挪入室内。

如何种

无花果可以独立种植，也可以修整成扇形。可以用完全腐熟的粪肥覆盖植物的基部，给植物充分浇水，尤其是夏季。生长期每两周给无花果树施高钾肥，直到果实开始成熟为止。春季时修剪，需佩戴手套，防止汁液刺激皮肤。

其实，无花果并不是真正的果，花朵和种子都藏在凹陷的肉质结构隐头花序里，我们将其称作果实。

栽种秘笈

无花果一年结两次果，分别为春季和夏季，这也就是说夏末时果实会呈现出不同的大小。最大的很快就会成熟，可以采摘，而最小的会在下一年成熟，需要保留。不过，应该把中等大小的果实一并摘下来。

知名的变种

- "棕色土耳其"（Brown Turkey）无花果是凉温带地区适应性较强的变种。
- "布兰瑞克"（Brunswick）无花果会结出紫红色的梨形果实。
- "芝加哥哈代"（Chicago Hardy）无花果结果早，呈深红褐色。
- "小黑"（Petite Nigra）无花果适合盆栽，会结出小小的黑色果实。
- "波尔多红"（Rouge de Bordeaux）无花果，在凉温带需要种在温室里或靠着有遮蔽作用的墙栽种。
- "维奥莱特王妃"（Violette Dauphine）无花果的紫色果实很美味；如果种在户外，可以让它靠着阳光充足的墙生长。
- "白马赛"（White Marseilles）无花果的果实甜美可口，呈淡绿色。

专题 3：种植无花果树

无花果树外形可爱，有着漂亮的手掌形叶片，树皮有纵裂，具有向外延伸的生长习性，夏末会结出美味可口的果实。

无花果是出了名的不易栽培的果树，需要种在温暖、有遮蔽物且阳光充足的位置。它们对栽种方式特别挑剔，更适宜根系受限的条件。如果任由无花果自由生长，根系会不断伸展，植物的绿叶很多，却很少结果。然而，当根系的生长得到控制，无花果树会长得较小（约自由生长大小的一半）但是会结出更多的果实。

限制无花果根系最简单的方式是将果树种在直径约 50 厘米的容器里。多浇水——夏季干旱时每天浇水，生长季时每隔两周施一次高钾肥。每年春季要将表层几厘米厚的盆土换成新土。每 3 年或 4 年为无花果树换盆，当根系略微满盆时换成稍大一点儿的容器，但不要早于它们的最佳结果期。

你也可以在开放的土地里限制无花果根系的生长。可以购买控根袋，这些袋子用专门的网眼织物制成，可以阻止根系穿过它继续生长；或者你可以用垂直的铺路板做一个开底箱埋在地下。不必太过纠结于板子是否干净和排列得是否紧密，有压紧的感觉就足够了。只要在无花果树的根系接触到板子之前，在地下留出足够的空间让其扎根就可以了。

冬季把种在花盆里的无花果树搬进室内，或者先用稻草或干树叶隔离，再用气泡垫或园艺用羊毛包裹固定，来抵御几个月的冬季严寒。

1 无花果在直径 50~60 厘米的花盆里可以生长得很好。让它们略微保持根系满盆的状态可以增加果实的产量，因此每 3 年或 4 年换一次盆即可。

2 可以在地下的根球周围放一个盒子，这样可以控制根系的生长。将铺路板埋入坑中十分奏效。

3 夏末时节，无花果树上可能会同时出现一些大小不一的果实。最大的是基本上可以采摘的，最小的则要等到来年才能收获。摘除大小介于两者之间的果实。

4 等叶子掉落后，将无花果果实用稻草或树叶隔开，再用园艺用羊毛包裹固定。待晚春时移除。

苹果

Malus domestica

苹果树作为最受欢迎和广泛种植的果树，居然有 7500 个不同的品种。现在，苹果种植时多嫁接在砧木上来控制大小，培育出不同的口味以满足不同的需求——有甜品和烹饪用品种可供选择，也有同时满足两种用途的理想型苹果。苹果树容易成活，尽管结果相对较慢，不过它们会在未来的时光，不断用爽脆、甜美的果实来回报你付出的耐心。

哪里种

苹果树最喜欢排水良好和肥沃的土壤，喜欢阳光充足、有遮蔽物的地方，不过有很多品种都能适应大部分的土壤类型和环境条件。它们可以耐受冬季里低至 –20℃的气温，不过地里绝对不能积水。苹果树嫁接在 M9型矮化砧木上时，盆栽的长势最好。

如何种

苹果树可以修整为标准型、丛状形、纺锤形、金字塔形、单干形、墙树形和扇形等（详见"普通果树的整形"，第 28 页）。除非你选择的是自体能育的品种，否则至少需要种两棵以上相同品种的苹果树，以确保它们能够同时或大约在同一时间开花，这样才能传粉，也才能结出果实（详见"授粉"，第 13 页）。

果树是根据开花时间分组的，来自相同或相邻授粉群的苹果树需要种在一起。可以咨询种植基地的工作人员，问一问你所选择的苹果树属于哪个授粉群。然后确定花园中你想要栽种苹果树的地点和需要使用哪种砧

科	蔷薇科

高度和冠幅
因品种、砧木和修整方式的不同而不同

耐寒性 耐寒区6

位置 阳光充足且有遮蔽物

收获季节 晚夏至秋季

在苹果树的附近种上大蒜或核桃树，可以帮助它们预防苹果黑星病——一种真菌疾病，会在果实和叶片上长出黑色的疮痂。疮痂孢子和大蒜或核桃树之间会建立一种互惠互利的关系，从而使苹果树不生疮痂。

木。最常用的砧木有：M27、M9、M26、MM106、MM111 或者 M25（详见"砧木"，第 14 页）。

如果你的空间只够种一棵苹果树，可以看一看附近公园或花园有没有能传粉的果树，或者选择家庭苹果树（详见第 62 页），将两种或两种以上的品种嫁接在一根主干上，每根主枝都会结出不同的苹果，家庭苹果树是小花园的最佳选择。

春季可以为苹果树喷洒通用型肥料来促进生长。干旱的夏季以及当苹果开始膨大时给果树浇水。初夏时，苹果会自然地掉落下多余的果实，通常称作"六月落果"（June drop）。不过，你可能还需要在仲夏时节自行去除部分果实，摘除每簇中心的"王"果，以确保剩余的苹果能完全成熟，同时防止树枝因果实太多不堪重负而发生断裂。

等到晚夏至秋季，就可以收获苹果了，具体时间取决于品种。被风吹落到地

上的果实预示着苹果已经成熟——应该能
轻松地从树上毫不费力地摘下。

　　早熟的苹果应该立即享用，这些苹果
保存不了多久，而其他品种大多都需要短
时间存放后才能食用。许多苹果可以在阴
凉、无霜处存放长达 6 个月的时间。

栽种秘笈

　　修剪取决于果树的外形和结果的部
位——苹果结果分为长枝或短枝处。大
部分的苹果都是在短枝处结果，这就是
说果实会聚集在短粗的小枝上。这种苹
果树需要冬季修剪，保留 1/3 的侧枝和

知名的变种

- "安妮伊丽莎白"（Annie Elizabeth，授
  粉群 4）苹果，味道特别甜美，耐放。
- "阿 瑟 特 纳"（Arthur Turner， 授 群
  群 3）苹果，会开出漂亮的花，果实可
  以做成甜甜的黄色果泥。
- "布拉姆利幼苗"（Bramley's Seedling，
  授粉群 3）苹果，是适合大花园的枝叶
  茂盛的果树；果实可以做成细腻的果泥。
- "豪盖特奇迹"（Howgate Wonder，授
  粉群 4）苹果，果实硕大，烹饪时能很
  好地保持形状，也可以榨成美味的果汁。
- "威尔克斯牧师"（Reverend W.Wilks，
  授粉群 2）苹果，是小小的紧凑型变种，
  硕大的果实可以制成清爽甜美的果泥。

知名的变种

- "发现"（Discovery，授粉群 3）苹果，结果早，有很好的抗病性；果肉硬实、甜美多汁。
- "埃格勒蒙特赤褐"（Egremont Russet，授粉群 2）苹果，果实小，表皮粗糙呈金色，带有赤褐色斑点，味道中有蜂蜜和坚果的风味。
- "嘉年华"（Fiesta，授粉群 3）苹果，适应性强，产量高，风味好，果实呈橘红色。
- "绿袖子"（Greensleaves，授粉群 3）苹果，果味柔和，口感爽脆，果实呈浅黄色，可将果实留在树上，成熟后再摘。
- "小精灵"（Pixie，授粉群 4）苹果，果实小，多汁，黄色的果皮上透着点儿红色，非常适合盆栽。
- "斯巴达"（Spartan，授粉群 3）苹果，非常多汁，果皮呈深李红色，果肉为白色，挂果晚，耐放。

知名的变种
- "布莱尼姆橙色"（Blenheim Orange，授粉群 3）苹果，枝繁叶茂，需要矮化砧木，产量很高，果实甜美硬实。
- "完美维奇"（Veitch's Perfection，授粉群 4）苹果，果实甜美，果味浓，带有坚果风味，口感硬实。

分枝上的 5 个芽来促使长出更多新芽。

　　长枝果树的果实会长在去年生出的枝条的末端处。这种果树也需要在冬季修剪，每 4 年要剪掉 1/4 的老枝。

　　夏季剪枝主要是针对修整的果树，比如扇形的、纺锤形的和主干形的（详见"普通果树的整形"，第 28 页）。把新枝剪短，让生长中的果实可以更多地接触阳光和空气。

专题 4：家庭苹果树

当空间有限时，家庭树是一种很好的选择，可以培育出不止一种乔木果。1 个、2 个、3 个，甚至 4 个不同的品种都可以嫁接在同一枝干上，在一棵树上就能创造出一整个果园。家庭树由矮小的中心枝干和各个品种向外延伸的分枝组成。所选的品种需要有相近的花期，方便彼此相互传粉，以确保结果（详见"授粉"，第 13 页）。通常选择的品种果实成熟期最好能略为错开，这样可以延长收获的时间，确保苹果不会一股脑儿地成熟，让人消受不起。

家庭树一般是长在半矮化砧木（详见"砧木"，第 14 页）上的，非常适合种在大容器里，同样也适合地栽。栽种前，要确保先把你的花盆放在最终确定的、有遮蔽物的、阳光充足的位置上，因为等种上新树填满盆土之后花盆会非常重，不好搬动。观察枝干上土壤留下的痕迹，确保树种的深度和之前一样。树种好后要做好支撑，因为它可能会支持不住水果的重量。可以在主干上以 45° 角斜插支撑杆，然后绑好固定。家庭树要是露天地栽的话，详见第 25 页的内容。

种在花盆里的果树需要精心地浇灌，尤其是生长季中的干旱时节。一旦开花，每周都要为果树施高钾肥。随着果树的生长，头 3 年或 4 年里，每逢春季，都要给果树换盆，型号比上一个略大一点儿即可。

家庭树的修剪可能会比其他的树要难一些，因为不同的品种生长的速度有快有慢，要格外注意让它们保持平衡，不要长偏。

1 家庭树是一种很好的方式，在有限的空间里可以培育出不止一个品种的水果。种在适合的砧木上时，果树在花盆里也能生长得很好。

2 在花盆底部铺上以壤土为主的盆栽用土，然后放入果树，要检查种植的深度是否正确。如果根部太长了，可以用整枝剪修一下根。

3 将果树再次放入花盆中，确保和之前在盆中的种植深度一致，如果种的是裸根果树，那么嫁接结合部要与容器边沿齐平。

4 给果树浇透水。第一年浇水需要特别注意，以确保果树能成功地服盆定根。

5 在盆土表面铺上砾石或其他小石头，这样有助于保持水分，减少频繁浇水的麻烦。

欧楂

Mespilus germanica

欧楂是在冬季成熟的少数水果之一，有着独特浓郁的麝香味，味道有点儿像枣和添加了香料的苹果酱。欧楂需要放软后再吃——软化的过程可以使其变甜。食用欧楂的历史可以追溯到古罗马时代。

科	蔷薇科
高度和冠幅 6米×8米	
耐寒性	耐寒区6
位置	阳光充足的露天环境
收获季节	仲秋

哪里种

尽管欧楂最喜欢露天阳光充足的地方，但它们可以耐受斑点树荫，只不过开花量、结果量还有它们亮眼的秋叶色泽都会打些折扣。栽种时要避开霜袋地，因为欧楂树是在晚春开花的。

德国欧楂（*M. germanica*）很长一段时间内一直都是唯一已知的欧楂品种，直到1990年，有人在美国阿肯色州的一片小树林里找到了一个新的欧楂品种——犬齿欧楂（*M.canescens*）。

如何种

使用榅桲A型砧木。欧楂树是自体能育的，几乎不需要什么照顾。它们会向四周生长，如果需要的话，可以在冬季修剪。

栽种秘笈

在第一次严重的霜冻后采摘欧楂，这样有助于通过细胞壁的分解来加速果实的软化过程。将欧楂存放在阴凉处，直到变软成熟为止。

知名的变种
- "荷兰"（Dutch）欧楂高大繁茂，枝叶向四面八方延伸，果实很大。
- "佛兰德斯巨人"（Flanders Giant）欧楂的果实非常大。
- "诺丁汉"（Nottingham）欧楂的树形紧凑，适应性强，幼树甚至都能结果。
- "皇族"（Royal）欧楂的树形不大，果实成熟较晚。

黑桑葚

Morus nigra

桑树冠幅大，自体能育，随着树龄的增长，枝条会变得美丽而扭曲多节，果实口味浓郁、酸甜多汁，商店里很少售卖。桑树可能需要 10 年左右的时间才会结果，因此要找早结果的变种（见右侧方框）。

哪里种

桑树具深根性，喜欢保水和排水良好、酸碱度在 6~7 之间的土壤。在寒冷的露天花园里，可将桑树靠着温暖且阳光充足的墙边栽种。

如何种

春季，土壤变暖后栽种。春季时要做好覆盖，果实发育期间土壤干燥得很快，始终要注意浇透水。如果需要，可在晚秋或冬季，趁桑树完全休眠时修枝。

栽种秘笈

要收获黑桑葚，可以在桑树下铺一块布，然后摇晃桑树让黑桑葚落在上面。收集黑桑葚时需戴好手套，以免手部染上颜色。

科	桑科
高度和冠幅	9米×9米
耐寒性	耐寒区6
位置	阳光充足且有遮蔽物
收获季节	晚夏

知名的变种

- "卡曼"（Carman）桑葚的果实很大，为奶白色；树龄在 3 年或 4 年时开始结果，初夏时就能收获。
- "切尔西"（Chelsea）桑葚的果实大，果味浓郁甜美。
- "伊利诺伊果不断"（Illinois Everbearing）桑葚的果实口味甘甜，从种下后的第三年开始收获。
- "惠灵顿"（Wellington）桑葚会结出大量的、口味极好的果实。

白桑树（*M. alba*）的树叶是家蚕（*Bombyx mori*）喜欢的食物来源，蚕蛾的茧则可用来制成丝绸。

65

香桃木

Myrtus communis

香桃木的叶片富有光泽，顶端渐尖，夏季开花，毛茸茸的花朵散发着芳香。香桃木是自体能育的常绿灌木，经常作为观赏植物栽种。浆果呈圆形，紫黑色，甜美中透出一丝杜松和迷迭香的味道，放在甜品和利口酒中十分美味。干浆果可以碾碎，像胡椒般使用。

科	桃金娘科（Myrtaceae）
高度和冠幅 3米×2米	
耐寒性 耐寒区4	
位置 温暖、阳光充足且有遮蔽物	
收获季节 秋季	

哪里种

香桃木非常适合种在阳光充足的环境中，或者围着暖墙栽种，需要防风，以免吹干。香桃木适合盆栽，如果需要，冬季可挪到较温暖的地方。香桃木需要肥沃、湿润但排水良好的土壤。

如何种

春季露天地栽或盆栽。生长季时浇水。初春时节，在植物底部铺上完全腐熟的花园堆肥或粪肥。生长季时要给盆栽的香桃木施高钾肥。剪掉所有不想要的在春季长出的枝条。在凉温带地区，可以用园艺用羊毛保护香桃木，使它们免受冬季潮湿和寒冷干风的侵袭。

栽种秘笈

香桃木的浆果需要漫长而炎热的夏季才能成熟，因此，在凉温带地区，一定要把香桃木种在家里最暖和、阳光最好的地方。

香桃木有着双重的用途，除了浆果以外，它芳香的叶片也惹人喜爱，可以碾碎后为炖菜、烤肉和沙拉调味。

知名的变种
- "花叶"（Variegata）香桃木的叶片呈银绿色，花朵略带粉红色。

油橄榄

Olea europaea, 也叫木犀榄

油橄榄树美丽、自体能育，属常绿乔木，原产于地中海地区，其果实可用来榨油和食用。

哪里种

油橄榄需要排水良好的土壤。在凉温带地区，可将油橄榄种在花盆里，冬季时挪入室内。

如何种

生长季保持湿润，每个月施用营养均衡的液肥。春季时为油橄榄树重新整形。

栽种秘笈

油橄榄可以在果实仍绿时（不过随后必须浸泡在水中后才能食用）或变黑后采摘。变黑后的橄榄可以放在盐里干腌脱水，然后在油中浸泡保存。

科	木犀科（Oleaceae）
高度和冠幅	10米×10米
耐寒性	耐寒区4
位置	温暖、阳光充足且有遮蔽物
收获季节	秋季

据说，地中海地区的一些油橄榄树已经存活了近2000年，不过它们的平均寿命一般是300~600年。

知名的变种
- "阿尔贝吉纳"（Arbequina）油橄榄是树枝下垂的种类，果实美味、呈黑色。
- "弗朗托约"（Frantoio）油橄榄榨出的油芳香，带有果味。
- "莱西诺"（Leccino）油橄榄易于栽种，可耐受许多不同的生存条件。
- "卢卡"（Lucca）油橄榄可结出大量的果实。
- "曼萨尼约"（Manzanillo）油橄榄是全世界种植最为广泛的变种。

杏

Prunus armeniaca,也叫山杏、西伯利亚杏、西藏杏

新鲜的杏吃起来软糯适口，闻上去香香甜甜的。杏树自体能育，如果收获量很大不能全部吃完的话，可以制成果干、蜜饯或杏酱。

哪里种

杏树具深根性，喜欢肥沃、排水良好的土壤，其中需要添加大量完全腐熟的有机粪肥。杏树开花早，因此要避开霜袋地。

如何种

杏树可靠着温暖、阳光充足的墙壁栽种，修剪成扇形，或者无须支撑物，独立栽种。最为常用的砧木是圣朱利安 A 型。春季或夏季，当杏树体内运送养分的汁液增加时修剪。可以用园艺用羊毛做保护，一定不要让花遭受霜冻。头几年时水要浇透。

栽种秘笈

杏树开花时，周围还很少有传粉昆虫，因此可以用小号的软头毛笔为花朵人工授粉来提高果实的产量。或者，找一找晚开花的杏树品种。

科	蔷薇科

高度和冠幅
（3~5）米×4米

耐寒性 耐寒区6

位置 温暖、阳光充足且有遮蔽物

收获季节 仲夏至初秋

杏树的栽培已有上千年的历史。有传闻说，早在公元前3000年印度就有了杏树。尽管杏树的学名中写着"亚美尼亚"（*armeniaca*），可它们的原产地应该是中国。

知名的变种
- "阿尔弗雷德"（Alfred）杏的果实为中等大小，橙色中透着一点儿粉红色。
- "花园小矮金"（Garden Aprigold）杏的树形矮小（仅1.5米高），适合盆栽，果实呈金黄色。
- "伊莎贝拉"（Isabella）杏的树形矮小，适合盆栽。
- "摩尔帕克"（Moorpark）杏结果晚，果实呈橘红色。
- "汤姆考特"（Tomcot）杏结果早，橙色的果实中透着一点儿红色。

樱桃

Prunus avium 为甜樱桃；*Prunus cerasus* 为酸樱桃

和许多其他的乔木果树一样，樱桃树也要依照开花的时间种在一起，树龄较大的非自体能育的品种必须和开花时间相近的可兼容品种栽在一起。自体能育和矮化品种都能够轻松买到，因此就算是最小的花园，即便是阳台，也能种上一棵樱桃树。樱桃树是花园里一道美丽的风景——春季的花朵、美味的樱桃还有鲜艳耀眼的秋叶。樱桃有酸有甜，可以趁新鲜直接食用，也可以做成果酱和馅饼。

科	蔷薇科
高度和冠幅	（3~8）米×（1.5~4）米
耐寒性	耐寒区6
位置	（甜）全日照且有遮蔽物；（酸）阴凉且有遮蔽物
收获季节	仲夏至初秋

哪里种

樱桃树需要良好的排水。甜樱桃树需要光照果实才能成熟，酸樱桃树则在靠墙的阴凉处才能茁壮成长。

如何种

樱桃树可以不加支撑独立生长，也可以在柯尔特或吉赛拉 5 型砧木上修整成扇形。春季时在樱桃树基部覆盖有机物质，用园艺用羊毛为早开的花朵做好防护。坐果时要充分浇水，樱桃开始膨大时需要给樱桃树罩上防鸟网。

栽种秘笈

可在摘完樱桃后修枝，这时树液可以封住伤口，有助于防范银叶病和枝枯病的发生。甜樱桃会在老枝上结果，剪掉一些最老的枝条，使老枝和新枝均衡生长；截短夏季新生的枝条以促发结果枝的生长。

酸樱桃会在上一季生长的枝条上结果。夏季时去除多年生大枝，使枝条不会过挤过密，以促进新果枝的生长。

在日本文化中，樱花象征无常，提醒人们要热爱生活，因为生命短暂，转瞬即逝。

知名的变种

甜樱桃

- "拉宾斯"（Lapins，自体能育）甜樱桃能结出大量深色的果实。
- "斯特拉"（自体能育）甜樱桃结出的果实大，色黑。
- "夏阳"（Summer Sun，自体能育）甜樱桃适合在凉温带地区生长。

酸樱桃

- "蒙特默伦西"（Montmorency，自体能育）酸樱桃的果实果味浓郁，最适合制作樱桃馅饼。
- "莫利洛"（Morello，自体能育）酸樱桃的果实又黑又大，放在馅饼里味道很好。
- "纳贝拉"（Nabella，自体能育）酸樱桃的树形小、产量高，果实呈鲜红色。

李

Prunus domestica

李属于乔木果大家族，其中有乌荆子李（详见第 73 页）和欧洲李（详见第 72 页）。李一般呈卵形，可以作为餐后甜点、烹饪用或两者兼备。尽管可以买到自体能育的品种，可如果附近种了不止一棵的话，这类李树会结出更大的果实。李放在焙烤的酥皮甜点和馅饼中十分美味，不过这些用于制作甜点的李直接生吃味道也很赞。

哪里种

李树喜欢排水良好、肥沃、黏重的土壤，所以要在沙质土地里添加大量的有机物来帮助保留土壤中的水分。避开霜袋地和多风的位置。

如何种

可以让李树长成丛状形，或者修整成扇形、主干形或金字塔形（详见"普通果树的整形"，第 28 页），也可以在 VVA1、皮克斯或圣朱利安 A 型砧木上生长。李树的花不耐霜冻，需要用园艺用羊毛保护。刚开始的几年需要好好浇水。

栽种秘笈

初夏时，在"六月落果"后疏果，即在李树自然掉落多余的幼果之后进行（详见《苹果》，第 57 页）。如果结果的枝条负担过重，有些可能会因不堪重负而折断。在春季或夏季修枝，否则果树可能会遭受银叶病或细菌性穿孔病的侵害。

科	蔷薇科
高度和冠幅	取决于砧木类型
耐寒性	耐寒区6
位置	阳光充足且有遮蔽物
收获季节	仲夏至仲秋

成熟的李表面会有一层粉状的白霜，或称"果霜"，可以防止果实变干。

知名的变种

- "沙皇"（Czar）李会结出大量深紫色的果实（烹饪用）。
- "玛乔丽的小树"（Marjorie's Seedling）李结果晚，因此可以错过早春的霜冻。
- "欧泊"（Opal）李是适应性较强的变种，果实是红色（可做餐后水果）。
- "维多利亚"（Victoria）李的果实十分美味，果肉为黄色（可做餐后水果）。

欧洲李

Prunus domestica

欧洲李的颜色有黄色、紫色、橙色或绿色，既可以作为餐后水果，也可用于烹饪。可以购买自体能育的欧洲李，不过要想结出更多的果实，还是需要至少栽种两棵或以上的李树。

科	蔷薇科
高度和冠幅	取决于砧木类型
耐寒性	耐寒区6
位置	阳光充足且有遮蔽物
收获季节	仲夏至仲秋

哪里种

种在肥沃、排水良好的土壤里，要避免使果树受到强风和霜冻的侵害。早开的花朵易受春季晚霜冻的侵害。

如何种

可以使用 VVA1、皮克斯或圣朱利安 A 型砧木。欧洲李如果靠着温暖、阳光充足的墙壁种植，且修剪成扇形，果味和汁水会达到最佳状态。购买部分修整的果树，仅在春季或夏季剪枝以避免银叶病的发生。春季护根以减少水分流失，夏季在自然的"六月落果"后疏果（详见《苹果》，第57页）。

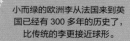

小而绿的欧洲李从法国来到英国已经有 300 多年的历史了，比传统的李更接近球形。

栽种秘笈

待果柄上的表皮变得略微皱缩后再采摘果实。不要按捺不住诱惑而过早地收获。

知名的变种
- "剑桥李"（Cambridge Gage，部分自体能育），树形矮小紧凑，果实美味，可做餐后水果；附近需种植另一个品种或变种的李树。
- "透明金"（Golden Transparent，自体能育）李，适应性强，结果多，呈黄色，果味甜，可做餐后水果。
- "杰弗森"（Jefferson，自体不育）李，中晚季结果，果实味美，呈金黄色，可做餐后水果。果树有一定的抗病性。附近需种植另一个品种或变种的李树。
- "老绿李"（Old Green Gage，部分自体能育）果实多汁甜美，呈黄色，可用于烹饪。
- "乌兰李"（Oullins Gage，自体能育）结果多，味美，具有双重用途，呈金色。适合用来为其他果树传粉。

乌荆子李

Prunus insititia，也叫西洋李、大马士革李

乌荆子李树栽种要求不高，果实比其他李树的更硬更小，果皮酸，比起从树上摘下来后生食，乌剂子李更适合烹饪，可制成果酱或酿成酒（详见《专题5：制作乌荆子李金酒》，第74页）。即便你购买的是自体能育的品种，可要想结出更多的果实，附近至少还需要有一棵乌荆子李树。

哪里种

除了积水和白垩质土壤外，乌荆子李树可在任何条件下存活。在确保传粉昆虫可进入花朵的前提下，为花朵做好防霜冻的保护措施。

如何种

选择 VVA1、皮克斯或圣朱利安 A 型砧木。仲春时为果树覆盖充分腐熟的粪肥。只在春季或夏季剪枝，避免感染细菌性穿孔病和银叶病。

栽种秘笈

要使果实增大，可减少树冠的拥挤，仲夏时，在果树自然地完成"六月落果"后疏果，避免树枝断裂（详见《苹果》，第57页）。

科 蔷薇科
高度和冠幅 3米×3米
耐寒性 耐寒区6
位置 阳光充足且有遮蔽物
收获季节 晚夏至初秋

知名的变种

- "布拉德利王者乌荆子李"（Bradley's King Damson）结出的果实很大，非常甜，闪耀着紫色的光芒。
- "法利乌荆子李"（Farleigh Damson）结果晚，产量大，果实美味，呈紫色。
- "梅利韦瑟乌荆子李"（Merryweather Damson）易栽种，适应性强，果实可生食也可用于烹饪。
- "深紫红乌荆子李"（Prune Damson）为季节中期变种，酸涩的果实一经烹煮就会产生浓郁的果味。

18世纪中期，美国独立战争之前，英国殖民者将乌荆子李带到了美洲殖民地，在这里，乌荆子李树比其他种类的李树长得更好。

专题 5：制作乌荆子李金酒

一直以来，人们最爱用烈酒浸泡的方式来保留水果的原汁原味，当夏季和秋季远去，仍能享受这些季节留下的美妙滋味。黑刺李（*Prunus spinosa*）等矮树篱浆果是传统的选择，不过用许多自家栽种的水果浸泡后也很美味适口。乌荆子李等品种味道强烈浓郁，或者你也可以试试樱桃或其他浆果，比如树莓、蓝莓、黑莓和醋栗。你可以用金酒或伏特加，甚至白兰地作为基酒。不同的水果的确有更适合于不同的烈酒之说，所以值得多试几次。水果需要浸泡 2~3 个月的时间让味道发酵成熟，时间会使酒体变得更加顺滑好喝。

通常，水果都必须经历过第一次霜冻后才能采摘，不过你也可以用冰柜来加速这个过程，寒冷有助于剥离果皮，打开水果细胞，让果汁得以流动。将水果洗净后轻轻拍干，然后放入冰柜过夜。

第二天，将冷冻的水果放入干净的罐子或瓶子中，填至容器大约一半处。加两汤匙糖，然后用你选好的烈酒注满容器。盖紧盖子，摇晃容器使瓶中物充分混合，然后放入橱柜中保存。接下来的一周每天都需要晃动容器，一方面防止糖聚集在底部，另一方面有助于水果释放果汁。此后，在接下来的几个月里，只需要每周晃动一次容器即可。随后，可以品尝一下：只要酒中融入了果味，就可以将酒过滤到另一个干净的瓶中。届时，就可以享受美味的利口酒了。

有些人认为，廉价的烈酒会做出口味低劣的利口酒；另一些人则认为，反正浓郁的果味会盖住酒味，所以没关系。不过，混合物浸泡的时间越久，口感就越顺滑，所以如果你只舍得用便宜的烈酒的话，那就尽可能多泡一段时间吧！

1. 乌荆子李成熟后再摘——开始有少数水果掉落预示着果实的成熟。收获时应该能轻松地摘下。

2. 将果实冷冻有助于剥离果皮，让水果更容易释放果汁，为酒注入果味。

3. 使用消过毒、可密封的罐子或瓶子，放入水果和糖，再倒满金酒。充分摇晃容器。

4. 酒泡好后，用漏斗状过滤器，将酒过滤到另一个清洁干燥的瓶中，密封好。

5. 为瓶子贴上标签，之后就能随时享用了。利口酒可以保存一年以上——如果你能坚持那么久的话。

毛桃和油桃

Prunus persica 为毛桃，*Prunus persica* var. *nectarina* 为油桃

毛桃柔软多汁，让人回忆起地中海的假期，那些风和日暖、阳光充足的日子。外皮光滑的油桃，是毛桃的"表亲"，易于成活到惊人的程度，即便在凉温带气候条件下也不例外。只需要把它们种在温暖、明亮的地方，在充足的光照下静待果实的成熟就可以了。

哪里种

给这些自体能育的果树一处有遮蔽物的家，比如一堵温暖的、阳光充足的墙壁，让初春时节绽放的花朵免受霜冻的侵害，让叶片免遭雨水的危害，防止叶片卷曲，以确保果实成熟。将桃树种在肥沃的、排水良好的土壤里。在温室里生长的桃树，需要精心地浇水。

如何种

选择 VVA1 或圣朱利安 A 型砧木，靠暖墙修整成扇形（你可以购买 2~3 年树龄的已经修整成扇形的桃树）。毛桃树也可以长成独立的、小小的树，不过油桃树长成这样会比较困难。两种桃树都属于矮小紧凑的类型，种在花盆里都能长得很好。

毛桃和油桃都结在上一季的枝条上，因此需要在春季或夏季修剪替换，促进新枝的生长，防止银叶病的发生。

春季在果树基部和周围覆盖有机物。整个花期，都要用小号软头毛笔为早开的花朵人工授粉。此外，要防止花朵遭受初春霜冻的损害。当果实开始膨大，要好好

| 科 | 蔷薇科 |

高度和冠幅
（2.5~4）米 × （2.5~4）米

耐寒性　耐寒区4

位置　温暖、阳光充足且有遮蔽物

收获季节
仲夏至初秋

从拉丁名称中的 *persica* 可以看出，毛桃广泛种植于波斯，即如今的伊朗，随后从这里引入欧洲。

浇水。成熟的果实应该很轻松地就能从树上摘
下来。

栽种秘笈

随着果实的生长，要做疏果处理，果实之
间要相隔 10 厘米，使剩下的桃子可以长到标准
大小并达到最大甜度。

知名的变种
毛桃
- "鸿运"（Bonanza）毛桃的果树为矮
  化树，非常适合盆栽，10 年后也只能
  长到 1.5 米，果实产量非常高，果肉
  呈黄色。
- "约克公爵"（Duke of York）毛桃结果
  早，果实多汁，果肉呈白色，果皮为
  深红色。
- "果园淑女"（Garden Lady）毛桃开
  粉花，果肉呈黄色，与果核分离；这
  种桃树矮小紧凑，不到 2 米高，适合
  盆栽。
- "佩里格林"（Peregrine）毛桃是个古
  老的变种，果实味美，果皮呈绿色和
  深红色，果肉为白色。
- "罗切斯特"（Rochester）毛桃结出的
  果实大而多汁，果肉为黄色，作为果
  肉与果核分离的变种，其果肉非常容
  易从果核上脱离。

油桃
- "约翰·里弗斯"（John Rivers）油
  桃果实早熟，个大，果肉呈金黄色，
  果味浓郁甜美。
- "纳皮尔勋爵"（Lord Napier）油桃
  产量大，果实多汁味美，夏末会结出
  果皮呈深红色和浅黄色的油桃。
- "花蜜"（Nectarella）油桃是可以盆
  栽的矮化变种；尽管生长缓慢，却通
  常能在第一年或第二年就结果。
- "菠萝"（Pineapple）油桃的果实果
  皮绿中带红，果肉为金黄色，入口即
  化，带有菠萝的味道。

石榴

Punica granatum

石榴灌木或乔木生长快，耐霜冻，在炎热干燥的条件下生长旺盛，自体能育。石榴仅需 2~3 年时间就能结果，亮红色的花朵之后就迎来了它那独特的圆形果实。

哪里种

石榴树具有深根性，在深厚、黏重、排水良好的土壤里和全日照条件下结出的果实最好。在寒冷的地区（耐寒区 4 及以下），可以把石榴树种在花盆里，到了冬季，只要温度开始下降，就把它们放到有遮挡的地方去。

如何种

春季和夏季修剪，夏季给石榴树施高钾液肥来提高结果量。在野外，石榴会长成多茎的灌木，在花园里也可以培育成这样，或者修剪成单干树。

栽种秘笈

要趁石榴还没有在树上开裂前采摘。可以试着敲一敲，如果听到清脆的声音，就可以收获了。

科	千屈菜科（Lythraceae）
高度和冠幅	3米×2米
耐寒性	耐寒区3
位置	全日照
收获季节	夏末至秋季

知名的变种

- "仙馔"（Ambrosia）石榴的果实非常大，果肉呈浅粉色，果汁浓郁甜美。
- "弗莱什曼"（Fleishman）石榴的果实又大又圆，果皮和果肉都是粉色的。
- "克什米尔"（Kashmir）石榴的果实果味浓郁，果肉呈深红色。
- "帕尔芬卡"（Parfianka）石榴的果树直立，果肉呈亮红色，甜味中带着些许酸味。

石榴自古以来就有栽培，从中国到印度，在许多的文化中都象征着多子多福。

西洋梨

Pyrus communis

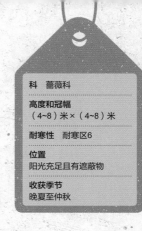

科	蔷薇科
高度和冠幅	（4~8）米 × （4~8）米
耐寒性	耐寒区6
位置	阳光充足且有遮蔽物
收获季节	晚夏至仲秋

　　家种的西洋梨是汁水丰富的乔木果，浓厚的果味和甜蜜的汁水，一点儿也不像你在商店里所买的西洋梨。和苹果不同，刚从树上摘下来的西洋梨不能马上吃。西洋梨需要提前采摘，在室内放熟，这样就非常完美地避开了收获前可能发生的病虫害。可以购买自体能育的品种，不过所有的西洋梨树都最好能和同属于一个授粉群的其他西洋梨树种在一起。

哪里种

　　西洋梨树容易成活，但需要避开霜袋地。给西洋梨树肥沃的、排水良好的土壤，它们在贫瘠浅薄的土壤中会长不好。西洋梨树可以栽种在大的容器里，如果嫁接在矮化盆栽用砧木榅桲 C 上的话，容器的直径应为 40~50 厘米。

如何种

　　可以让西洋梨树独立生长，或者修整成主干形、墙树形或扇形（详见"普通果树的整形"，第 28 页）。西洋梨树通常会嫁接在榅桲 A 或 C 型砧木上，要正确选择砧木，必须根据你想栽种的西洋梨树类型或大小做出判断。

　　要想产量高，花朵就需要从另一棵树上传粉（详见"授粉"，第 13 页）。因此，西洋梨树的栽培品种根据开花的时间划分出了 4 个授粉群。要确保成功挂果，就要栽种同属于一个授粉群的品种。此外，要用园艺用羊毛保护花朵，使其免受霜冻的侵害，或者选择晚开花的栽培品种。春季时为西洋梨树施加通用肥。

　　初夏自然掉落的"六月落果"可能不足以让树上的西洋梨完全成熟（详见《苹果》，第

西洋梨的果肉独特、细腻，沙沙的口感来自一团一团的石细胞。石细胞是厚壁组织中的一种细胞，在桃核和核桃壳等硬组织中也能找到。

57 页），同时，为了避免树枝因不堪果实的重负而折断，需要在仲夏时节每簇只保留两个西洋梨，其余的要全部去除。干旱的夏季和幼梨开始膨大时都要为西洋梨树浇水。

　　要在西洋梨即将完全成熟前采摘——可以通过看看地上有没有风吹落的西洋梨以及果皮是否微微泛红等方式判断。西洋梨应该很容易采摘，摘下时果柄是完好无损的。存放在阴凉处待果实成熟。西洋梨还可以制成水果干，可以保存 6 个月以上（详见《专题 6：完美的水果干》，第 82 页）。

栽种秘笈

　　冬季时修剪独立生长的乔木或灌木，通过减少 1/3 的顶枝，来促进结果短枝的生长。限定的树形，如主干形、墙树形、贴地灌木形和扇形，主要是在夏末修剪，使侧枝上的叶子减少 3 片。冬季疏果，果梗彼此间隔 10 厘米。

知名的变种

- "贝丝"（Beth，授粉群 4）西洋梨的果树为直立变种，果实小而甜，呈浅黄色。
- "安茹梨"（Beurré d'Anjou，授粉群 3）为传统变种，果实味美多汁，果肉为白色。
- "哈代梨"（Beurré Hardy，授粉群 3）需要种在有遮蔽物的地方，这种梨绿色的表皮绿色中透着微微的红色。
- "康考得"（Concorde，授粉群 4）西洋梨，树形矮小紧凑，结果量大，果实甜美多汁。
- "会议"（Conference，授粉群 3）西洋梨易成活，产量大，果实外形独特，风味佳。
- "早红考密斯"（Doyenné du Comice，授粉群 4）西洋梨需要长期温暖的生长条件，果实特别好吃，带有甜甜的香气。
- "秋天的软糖"（Fondante d'Automne，授粉群 3）西洋梨，果肉有麝香味，果皮呈赤褐色。
- "格罗莫尔索"（Glou Morceau，授粉群 4）西洋梨，结果晚，口味清新，果肉犹如黄油一般。
- "无敌"（Delwinor，授粉群 2）西洋梨，果实甜美多汁，耐存放。
- "昂沃德"（Onward，授粉群 4）西洋梨，果实品质高，汁水丰富，摘下后最好立即享用。
- "威廉姆斯的好基督徒"（Williams' Bon Chrétien，授粉群 3）西洋梨，易成活，果实口味佳。

专题6：完美的水果干

　　水果干是去除水分的水果，缩水后会变成好吃的、能量密度高的零食，存放时间比新鲜水果要长许多。水果干不仅成分天然，还富含纤维和营养物质，能有助于达成"每日5份果蔬"[①]的目标。此外，水果干非常漂亮，是极好的天然装饰品，非常适合在节假日或全年配餐使用。

　　水果可以在自然条件下晒干，也可以用烤箱低温烘干或者使用专门的脱水机。脱水机效率高，使用方便，不过是要花上一笔钱的，如果你确定会制作大量的水果干时，也许才值得购买。脱水机可能会相当贵，还会占据厨房的空间。

　　苹果干非常容易制作，其实所有的水果都能做成水果干，比如柑橘类水果，杏、猕猴桃、草莓、无花果和李，等等。对于杏和葡萄这些富含水分的水果来说，干燥的时间要比其他水果长一些。

　　将水果洗干净，在水中浸泡几分钟，随后切成均匀的薄片，这样可以使所有的水果片保持相同的干燥速度。将水果片平铺在烤箱专用的烤架上或者脱水机的架子上，不要相互交叠。脱水机会针对每种水果采用特定的温度和时长，烤箱则会有一些不确定性。将烤箱温度设置为最低，随时查看水果的烘干情况。风扇烤箱烘干水果片的速度比其他烤箱快，不过都需要花上几个小时而不是几分钟就能完事儿。一旦你知道了时长，不妨选择夜间制作来节省时间。

　　水果干放凉后，可以在密封容器中保存6个月以上，或者作为美丽的天然装饰品来装点生活。

---

① "每日5份果蔬"（five a day）是美、英、法、德等国家在自己国内发起的健康饮食运动，旨在鼓励国民每天至少食用5份不同种类的水果和蔬菜，来降低患心脏病、中风和某些癌症等严重健康问题的风险。——译者注

1 将水果切成薄片，均匀地平铺在架子上，不要交叠。可以放在温度非常低的烤箱中过夜。

2 脱水机操作简便，是制作水果干的高效工具，比如图中的这些梨片，就是用脱水机制成的美味且营养丰富的小零食。

3 干燥后的苹果片可以蘸上巧克力制成好吃美味的零食作为礼物，或者绑上丝带挂在圣诞树上作为装饰。

4 水果切片时，中心处都有茎，像柑橘类水果、苹果和猕猴桃都有着漂亮的环状图案。

5 干燥后的柑橘类水果片可以制成美丽的花环状饰物，整个秋季和冬季都能一直悬挂。

无核小果
和瓜果类水果

猕猴桃

Actinidia deliciosa，也叫中国鹅莓、奇异果

猕猴桃这种落叶藤本植物生长旺盛，需要较大的空间，但它会在种下的 3~4 年后用大量美味可爱的果实来回报你。这种植物自身具有装饰性，叶片具有天鹅绒质感，呈心形，会开出白色的大花。

科	猕猴桃科（Actinidaceae）
高度和冠幅	6米×4米
耐寒性	耐寒区4
位置	阳光充足且有遮蔽物
收获季节	秋季

哪里种

猕猴桃喜欢排水性和保水性良好的土壤。新苗易受霜冻侵害，因此要靠着温暖、阳光充足的墙壁栽种。

如何种

冬末要覆盖有机物，春季施通用肥。春季要用园艺用羊毛保护，使其免受晚霜的侵袭。果实开始膨大时一定要给植物浇足水，如有必要，可以适当疏果，使果实长得更大。夏季修剪，让猕猴桃在种植处保持形状。要促进结果枝的生长，可以在冬季将枝截短，留 4~5 个芽。

栽种秘笈

猕猴桃树可以是自体能育的、雌性的或（不结果的）雄性的。自体能育的品种会在昆虫传粉后坐果，而雌性植物仅会在和雄性品种的花朵传粉后结果，因此需要同时栽种雄性和雌性品种才能确保结果。

知名的品种和变种
- "阿特拉斯"（Atlas，雄性）猕猴桃，强健耐寒，可以为所有雌性品种和变种授粉。
- "海沃德"（Hayward，雌性）猕猴桃，是 1924 年新西兰培育的"原始的"也是最受欢迎的变种。
- "詹妮"（Jenny，自体能育）猕猴桃结出的果实美味，呈绿棕色。
- "蒙蒂"（Monty，雌性）猕猴桃，开花晚，果实呈椭圆形。
- 软枣猕猴桃（*Actinidia arguta*），也叫"肯的红衣"（Ken's Red，雌性），果味甜美清爽，果皮呈红色。

猕猴桃原产于中国，是中国的本土水果，栽培品种名为中国鹅莓，20 世纪初传入新西兰，20 世纪 40 年代开始商业性种植。1959 年，以棕色茸毛的新西兰国鸟几维鸟（Kiwi）为依据，重新定名为奇异果（奇异果的英文为 kiwi fruit）。

甜瓜和西瓜

Cucumis melo 为甜瓜，也叫哈密瓜、香瓜、白兰瓜；
Citrullus lanatus 为西瓜

甜瓜不耐寒，自体能育，是热带地区的一年生植物，在阳光充足的地方，或匍匐生长于地上，或攀缘于支撑物上。甜瓜主要有 3 个重要类型：罗马甜瓜（通常外皮有棱纹，果肉为橙色）、蜜露瓜（黄色果肉）和麝香甜瓜（独特的网纹外皮，果肉为绿色或橙色）。罗马甜瓜能很好地耐受凉温带的气候，果实不需要太高的温度和很多光照就能成熟。

西瓜的外皮有着与众不同的条纹，果肉呈艳丽的粉红色。

哪里种

在凉温带地区，可以把甜瓜种在温室里或者靠着阳光充足的墙壁栽种——户外地栽的甜瓜仅在较为温暖的气候区才能存活。要种在富含腐殖质、排水良好的土壤里。栽种前需要松土，这样根系才更容易延伸开来去寻找水和营养物质。

西瓜需要充足的光照和大量的水才能成熟。

如何种

春季时，在室内的小花盆里或植物繁殖盒里播下甜瓜和西瓜的种子（详见《专题 7：从种子开始种植甜瓜》，第 90 页），也可以购买幼苗，春末时栽种。保持湿润；待没有霜冻风险且植物基本稳定后再挪到户外种植。只需要用土覆盖住根部土球即可，如果埋得太深，植物会腐烂。

随后，要为植物好好浇水，保持水分。铺

科	葫芦科
	（Cucurbitaceae）

高度和冠幅
1.2米 × 0.6米

耐寒性　耐寒区1

位置　炎热、阳光充足且有遮蔽物

收获季节　晚夏至仲秋

知名的变种

甜瓜

- "布莱尼姆橙"（Blenheim Orange）麝香甜瓜，香气甜美，果肉呈鲜红色。
- "黎明时分"（Early Dawn）麝香甜瓜，高产，外皮有绿色网纹，果肉为橙色，早熟。
- "埃米尔"（Emir）麝香甜瓜，果香甜美，果肉为橙色，能很好地耐受凉温带地区的气温条件。
- "快攻"（Fastbreak）罗马甜瓜，产量高，早熟，果肉呈深鲑鱼色。
- "加利亚"（Galia）甜瓜，罗马甜瓜和蜜露瓜的杂交变种，外皮金黄，果肉为浅绿色。
- "科森扎黄色皱皮"（Rugoso di Cosenza Giallo）罗马甜瓜，果实大，外皮为黄色，瓜肉甜美多汁。
- "甜心"（Sweetheart）罗马甜瓜，呈圆球形，外皮为奶油色，果肉为橙色。

西瓜

- "迷你珍爱"（Mini Love）西瓜，个头小，早熟，瓜瓤甜，呈红色。
- "甜心宝贝"（Sugar Baby）西瓜，瓜小，可以直接放入冰箱；果实硬，果肉呈红色。

"夕张王"（Yubari King）甜瓜是两种罗马甜瓜杂交出来的，仅在日本的夕张地区种植。据说，夕张王是世界上最甜的甜瓜，通常作为礼物用于馈赠。2017年，在拍卖会上售出过两枚，价格为300万日元，约合人民币17万元。

好网子或搭好架子方便植物攀缘，可以采用掐尖的方式促进子蔓的生长，长出能结果的花。植物开花时，要让温室通风以确保授粉。夏季要为玻璃下生长的植物遮阴，保证持续稳定的供水，避免红蜘蛛的暴发。待果实长至核桃大小时，每周施高钾肥或者使用紫草。同时，掐尖，去除每颗瓜两旁的叶子，这样可以使养分转移到瓜上。当瓜开始膨大时，要停止浇水和施肥。在瓜膨大的过程中，可以用网子、布袋或连裤袜进行支撑和保护。

甜美、醉人的香气会告诉你，瓜熟了，不过那时也是瓜开始破裂、茎周围变软的时候。

栽种秘笈

种在温室的瓜类需要人工授粉，可以用小号的软头毛笔将雄花上蘸取的花粉刷到雌花上。背后膨大是雌花的标志。

专题 7：从种子开始种植甜瓜

　　每年都需要从种子开始种植的一年生水果就那么几种，甜瓜是其中之一。每株甜瓜植物应该可以结出 2 个或 4 个甜瓜。可以直接从园艺中心或线上购买幼苗，不过甜瓜从种子种起真的太容易了，这是种特别省钱的方式，回报率超高还有众多品种可以选择。

　　从初春开始，就可以在温室里或者阳光充足的窗台上播种了，或者也可以等到仲春，直接在户外进行。可以将种子播在专用的育苗盘里，每颗种子种在独立的小格子里，或者选择直径 9 厘米的花盆，每个花盆里可以放 4 颗种子。需要使用专门的育苗特制土，比如约翰·英纳斯 1 号土（John Innes No.1）或者细细筛过的多用途盆栽用土。将种子平放，覆盖上薄薄的一层纯沙或者筛得更细的盆栽用土。为植物保暖（至少 15~20℃），保持盆土湿润，大约一周就会发芽。待长出 3~4 片叶子时，幼苗就可以栽入花盆中，放在温室中继续养护了，或者在晚春时，选择花园里温暖、阳光充足的位置地栽。在凉温带气候区，则要等到几乎没有霜冻风险时再说。此后具体的操作，详见第 88 页的"如何种"。

1　为育苗盘填满土，用手指压实，每个小格里放一颗种子，薄薄地做覆盖。

2　在育苗盘里培育幼苗，直到长出3~4片叶子时为止。随后将幼苗栽入独立的花盆里。

3　在凉温带地区，甜瓜最适合在温室或塑料大棚里培育。栽种时，根部的土球顶部稍稍低于土层即可，植物之间间隔60厘米。

4　随着甜瓜的膨大，果实会变得非常重，可以用网子、旧口袋或连裤袜兜住，以免从上面掉落，直到甜瓜成熟为止。

5　当甜瓜散发出浓郁的甜香时，说明已经成熟了。用一只手托住甜瓜，小心地从藤蔓上剪下来。

草莓

Fragaria × ananassa, 也叫凤梨草莓

草莓味美鲜甜、芳香四溢，是许多人心目中独一无二的夏季味道，而自家栽种的草莓的风味，绝对比任何商店里出售的草莓都要好。草莓非常容易栽种，植株低矮，自体能育。

科	蔷薇科
高度和冠幅	30厘米×45厘米
耐寒性	耐寒区6
位置	阳光充足且有遮蔽物
收获季节	春季至秋季，取决于类型

哪里种

草莓是个多面手，在花盆里、吊篮里和地里都能旺盛生长。草莓喜欢肥沃、排水良好的土壤，最好避开多风处和霜袋地。不要种在茄科植物（土豆、番茄、茄子）近期生长过的地方，否则草莓易感染可能致死的黄萎病。

如何种

夏末或初秋时种下幼苗或匍匐茎，顶部与土壤表面保持水平：如果种得太浅，会干死；太深，则会腐烂。

草莓是浅根系植物，干得快，所以要少量多次地浇水，不过它们也不喜欢潮湿的土壤。除非你希望从匍匐茎上繁殖新植株（详见第94页），否则一看见它们就要去除，好让营养集中在开花和结果上。

一旦有花朵出现，就要开始每周给草莓施高钾液肥。覆盖稻草或专用膜来帮助保持土壤中的水分，同时保持果实的洁净和干燥。可能还需要为草莓罩土保护网，防止鸟儿或松鼠过来偷吃。

结果之后，用小刀去除老叶，注意不要切到茎，清理掉覆盖的稻草，露出茎的基部，直到寒冷冬季来临。如果植物非常

如今，我们所吃的草莓都是18世纪美国的弗州草莓（*F. virginiana*）和智利草莓（*F.chiloensis*）杂交出来的果实。

知名的变种

早季
- "伽希盖特"（Gariguette）草莓，果味甜美，果实细长。
- "哈尼"（Honeoye）草莓，果量大、果味甜，呈深红色。
- "梅"（Mae）草莓，果实大而硬，汁水丰富。

正季
- "剑桥最爱"（Cambridge Favourite）草莓，适应性强，果实甜美，中等大小。
- "哈皮尔"（Hapil）草莓，可以适应相对干燥的土壤，结果量大。
- "皇家主权"（Royal Sovereign）草莓，美味好吃，香气浓郁。

晚季
- "费奈拉"（Fenella）草莓，又多又大，富有光泽。
- "佛罗伦萨"（Florence）草莓，色深味甜，抗病性好。
- "马尔维纳"（Malwina）草莓，又大又香，呈深红色。

全季
- "阿尔比恩"（Albion）草莓，非常大，甜美，香气馥郁，可以从初夏结果到晚秋。
- "阿若梅尔"（Aromel）草莓，味道甜美，中等大小。
- "弗拉门戈"（Flamenco）草莓，味甜多汁，采摘期超长。

干，则需要浇水，以促进匍匐茎健康地发新。

栽种秘笈

草莓可以遮盖生长，延长种植期，不过这样做会使传粉昆虫很难接近花朵。可以在温暖的日子里打开门和通风口，也可以用小号软头毛笔为花朵人工授粉。

草莓的类型

草莓主要有 3 种类型：夏季结果型，又根据初夏、仲夏或夏末的结果时间进行了归类；四季结果型，也叫常果型或一季多熟型，从仲夏到初秋会结出小而红的果实；野草莓型（详见第96页）。

专题 8：用匍匐茎繁殖草莓

草莓是易栽种成活的植物，繁殖起来也很简单。易于繁殖这点十分方便，因为草莓结果比较好的时间也就 3~4 年，随后就需要更新替换了。

草莓生长迅速，会长出大量的匍匐茎——从植物的中心处向外生长的长长的茎，末端长有草莓幼苗；每株幼苗都会在土中生根，长成新的植物。匍匐茎会从草莓植物中吸收大量用于开花和结果所需要的养分，因此，不需要繁殖的时候通常都会切除匍匐茎，从植物的根部位置移除。不过，当草莓从第三年开始进入衰弱期时起，就可以促进新植物的生长了——它们还是免费的。地栽或盆栽草莓都可以通过匍匐茎来繁殖。

理想条件下，繁殖的最好时间是夏末，不能晚于初秋，在草莓完成结果后进行。在小花盆里填上多用途盆土，埋在母株旁边的地里，这样有助于保持水分，或者也可以将每个花盆放在土壤上。将匍匐茎插入每个花盆的盆土中，用 U 形钉或一截弯曲的金属丝固定好位置。

幼苗会在 4~6 周内生根并开始长出新叶，随后便可以从母株上分离。让它们在冬季继续生长，等到第二年春季再换盆或地栽。一定要把新的草莓植物种在花园里干净的地方，防止染上病害。第一年开的花要掐掉，这样可以抑制结果，从而培育出高产的植物。

1 大部分的草莓类型，除了四季结果型以外，都会长出许多匍匐茎。四季结果型最好每年都做更换而不是繁殖。

2 选择健康的匍匐茎，放在土壤或花盆盆土的表面，用弯成 U 形的细金属丝压住。不要剪断连接着两株植物的茎。

3 为盆土或土壤好好浇水，帮助植物发根生长。

4 一旦每株幼苗定根后，就可以切断和母株连在一起的茎，进行分离了。

5 让幼苗在冬季继续生长，来年春季再户外地栽或者换到更大一点儿的花盆里。

野草莓

Fragaria vesca，也叫高山草莓、森林草莓、喀尔巴阡草莓

红彤彤的野草莓娇小细嫩，结在低矮匍匐、自体能育、紧凑浓密的植物上，盆栽或地栽都能愉快生长。虽然野草莓很小，可它们却是强悍的多年生植物，红宝石般的果实，果味和香味十分浓郁。

科 蔷薇科	
高度和冠幅 30厘米×65厘米	
耐寒性 耐寒区6	
位置 阳光充足或半阴、 有遮蔽物	
收获季节 晚春至秋季	

哪里种

最好将野草莓种在阳光充足、有遮蔽物的地方，使用肥沃的、排水良好的土壤。土壤条件不佳时，可以把野草莓种在垄上来改善排水。要避开霜袋地和多风处。

如何种

夏季要充分浇水，防止白粉病的发生，定期采摘果实。去除匍匐茎，可以把匍匐茎插在花盆里培育成新的植物（详见《专题8：用匍匐茎繁殖草莓》，第94页）。

考古发掘表明，人类从石器时代就开始食用野草莓，随后野草莓的种子沿着丝绸之路去往欧洲，并在那里广泛种植，直到18世纪晚期，才逐渐被园艺草莓（详见第92页）取代。

栽种秘笈

野草莓的寿命不长，但很容易用种子培育成功（详见《专题9：用种子培育野草莓》，第98页）。第一年的夏季就能结果。

知名的变种
- "亚历山德里亚"（Alexandria）野草莓，果期长，果味浓郁甜美。
- "木草莓"（Fraise des Bois）会结出大量小小的、口味甚佳的果实。
- "小可爱"（Mignonette）野草莓会结出许多味道鲜美的果实。
- "吕根岛"（Rügen）野草莓的果实又多又大、富有香气。
- "黄色奇迹"（Yellow Wonder）野草莓非常甜美，鸟儿却对它置之不理。

宁夏枸杞

Lycium barbarum，也叫狼浆果、阿盖尔公爵的茶树

这些红色的浆果富含营养，可以直接生食、晾干或者烹饪使用，其中的维生素 C 和抗氧化物质含量很高。枸杞长在落叶耐寒且自体能育的灌木上，越来越受人们的喜爱。浆果在娇小的紫色花朵后出现。

科	茄科（Solanaceae）
高度和冠幅	
3米×3米	
耐寒性	耐寒区5
位置	全日照
收获季节	秋季

哪里种

枸杞很好养活，能够耐受从沿海到干旱等各种环境，只要给它们全日照就可以了（也能在半阴环境下生长，只不过果量很小）。枸杞喜欢排水良好的土壤，因此可以在黏重的土壤里多添加一些大块的有机物。

1730 年，阿盖尔公爵把枸杞引入英国，不过刚开始并不是为了它的果实，而是作树篱和装饰用。

如何种

枸杞最好靠着墙或篱笆修整，春季剪枝，枸杞的花朵和果实是上一年的产物。在生长期之初施通用肥，开花后则需要每两周使用高钾液肥。

栽种秘笈

用手接触会使枸杞变成黑色，所以采摘时要轻轻晃动，让果实掉落在枸杞灌木下方铺好的单子上。

知名的变种
- "大长寿浆果"（Big Lifeberry）枸杞，果实特别大，生食异常美味。
- "甜长寿浆果"（Sweet Lifeberry）枸杞，适应性强，干燥后的果实非常甜。

专题 9：用种子培育野草莓

野草莓是小小的惹人喜爱的植物，结出的果实小巧玲珑，带有香气，口味独特，和店里购买的草莓的味道完全不同。野草莓特别适合盆栽，还是观赏花境和食材花园里漂亮的装饰植物。

野草莓的种子可以从商店里购买，或者从自家植物上采集，对于野草莓来说，大部分都是从种子开始种起的。春季或秋季播种，在室内的小花盆或育苗盘里填上筛过的多用途盆土或育苗特制土，比如约翰·英纳斯 1 号土。用手指尖压实盆土，浇水让盆土潮湿。在盆土表面稀疏地撒上种子，再薄薄地覆一层纯沙或筛过的盆土。放在窗台上或者温室里，盖上一块玻璃，或者用透明塑料袋覆盖每个花盆，再用橡皮筋封口，来增加湿度促进发芽。

野草莓需要温度恒定在 18~21℃，所以把花盆放在加热器上方可能比较合适，不过就算这样，发芽也还是会很慢且不稳定。

一旦幼苗开始生根并长出两片真叶时，可以把它们单独移植出来，种在独立的小花盆里。让幼苗继续生长，春末再把经受过耐寒锻炼的植物栽入花园里。要让植物耐寒，可以白天把植物放在室外，晚上再把它们挪入室内，持续大约两周，让植物适应户外的温度和环境。

1 将野草莓的种子稀疏地撒在盆土表面，放在温室或窗台上等待发芽。待幼苗长出两片真叶时就可以移植了。

2 当幼苗长出良好的根系并长得健壮后，就可以栽入单独的花盆中养护了。

3 当秋季和春季播种的植物经历了为期两周的耐寒锻炼后，就可以在春末时分移栽到户外了。

4 野草莓是四季都结果的植物，就是说它们在生长季一直都会开花和结果，只不过果量会越来越少。

5 当野草莓全部变红且散发出甜香时就说明果实已经成熟了。野草莓特别容易碰伤，采摘时动作一定要轻柔。

热情果

Passiflora edulis, 也叫鸡蛋果、百香果

　　热情果长势旺盛、自体能育，属常绿草质藤本植物，充满异域风情的花朵和随后而来的垂吊着的紫色或橙色果实，十分吸引眼球。热情果原产于南美洲，在热带和亚热带地区十分常见。

科　西番莲科
（Passifloraceae）
高度和冠幅
3米×2.5米
耐寒性　耐寒区1a
位置　全日照或半阴、有遮蔽物
收获季节　夏末至秋季

哪里种

　　种在相对肥沃、排水性和保水性良好的土壤里。温度不能低于5℃，因此凉温带地区最好在室内或者温室里养护。靠墙栽种长势更好。盆栽的花盆直径应不小于35厘米。

不要种这个

　　蓝色西番莲（*P. caerulea*）是耐寒且富有观赏性的品种，生长在凉温带地区，虽然也会结果，可是吃起来味道寡淡、平淡无奇，实在不值得一试。

如何种

　　尽管热情果植物可依靠自身具有攀附能力的卷须攀爬，但最好能够用格架或金属栅栏做支撑，让它们按照扇形生长。春季时，在植物马上开始生长之前修剪，将侧枝减少至2~3根。

　　春季和夏季时，每两周为植物施加高钾液肥。浇透水，特别是盆栽的热情果。保持潮湿的环境来获得最佳的结果量，需要人工授粉，尤其当温度低于16℃时。6年或7年后更换植株。

热情果这个名称是巴西传教士命名的，在他们劝说土著居民改变宗教信仰时，用花朵的一些部分来诠释基督的热情。

栽种秘笈

　　当滚圆的鸡蛋形果实开始皱缩时就可以收获了。挖出香香的、稀溜溜的果肉和嚼起来嘎吱嘎吱的种子，可以直接吃，也可以拌在水果沙拉里吃，或者做成布丁享用。

知名的品种和变种

- "上乘"（Crackerjack）热情果，花量多，果实大而香，呈深紫色。
- 黄金热情果（*f.flavicarpa*），金黄色的果皮光滑且富有光泽，果实较大，能长到葡萄柚的大小。
- "弗雷德里克"（Frederick）热情果，开紫花，会结出大量的紫色果实。
- "小金块"（Golden Nugget）热情果，花量大，果实甜，呈鲜黄色。
- "巴拿马红"（Panama Red）热情果，开白色和紫色的花，果实大，果味浓，果皮呈红色。
- "紫巨人"（Purple Giant）热情果的果实巨大，呈深紫色，果肉甜美可口。

黑醋栗

Ribes nigrum

灌木状的黑醋栗自体能育，易成活，以富含维生素而闻名，酸溜溜的果汁含有大量的维生素 C 和植物化学物。有些品种很甜，可以从灌木上摘下来直接食用，另一些则最好用来烹饪，制成果馅饼、果酱和果冻。

科	茶藨子科（Grossulariaceae）
高度和冠幅	（1.5~2）米 ×（1.5~1.8）米
耐寒性	耐寒区6
位置	阳光充足且有遮蔽物
收获季节	夏季

哪里种

尽管黑醋栗能够耐受许多种土壤类型，但它们仍喜欢肥沃、排水良好且具有保水性的地方。它们可以适应少量的树荫，不过在全日照的条件下长势最佳、结果最多。像"本沙瑞克"（Ben Sarek）这种矮小紧凑的黑醋栗也可以种在直径 40 厘米的容器里。

如何种

最好让黑醋栗长成多茎灌木，每年冬季重剪——去掉 1/3 的老茎至基部。秋季和春季之间栽种，然后立即截短所有的茎，高出土面 2 厘米或 5 厘米，促发下一年新的结果枝的生长——灌木是在新枝上结果。黑醋栗是饿得快、渴得快的植物，因此春季要覆盖完全腐熟的粪肥并充分浇水。

栽种秘笈

黑醋栗成熟时，可以成串或者连着果柄采摘。它们在灌木上待的时间越久就会越甜。种的时间长一些的黑醋栗，整株植物上果实成熟的时间不尽相同，因此，需要小心地把成熟的果实单独摘下来。

约斯塔莓（JOSTABERRY）

这种好吃的莓果是黑醋栗和鹅莓杂交的产物，未成熟时吃起来更像鹅莓，成熟后味道则像甜甜的黑醋栗。植物强健无刺。

第二次世界大战期间，像橙子这种富含维生素 C 的水果供给不足，人们便开始大规模栽培黑醋栗，并将黑醋栗糖浆免费提供给所有 2 岁以下的婴幼儿食用。即便是现在，英国几乎所有的黑醋栗商业作物也都用于制作果汁饮品。

知名的变种
- "本康南"（Ben Connan）黑醋栗，矮小，早熟，果实大；很适合小花园种植。
- "本霍普"（Ben Hope）黑醋栗，会结出大量带有香味的、好吃的晚季果实。
- "本洛蒙德"（Ben Lomond）黑醋栗，直立生长，季末会结出大量的果实。
- "本沙瑞克"黑醋栗，属矮小紧凑的变种，季中结果，果实大、味酸。
- "本提兰"（Ben Tirran）黑醋栗，结果晚，植株茂盛、矮小紧凑。
- "大本钟"（Big Ben）黑醋栗，植株茂盛，果实大，结果早。

红醋栗、白醋栗和粉红醋栗

Ribes rubrum

红醋栗、白醋栗和粉红醋栗是黑醋栗的近亲，自体能育，到了夏季，灌木上会挂满一串串的果实。它们的花朵富含花蜜，叶片呈心形。白醋栗相对较小，没有红醋栗那么抢眼，粉红醋栗是它们中最甜的，还带有淡淡的清香。3 种醋栗做成果酱、果冻、布丁和调味汁都很美味，趁新鲜食用味道也很棒，还很适合冷冻。

哪里种

在全日照环境下生长，这 3 种醋栗的味道会更甜、果味会更浓郁，不过这些醋栗的灌木可以耐受淡淡的阴影，非常适合靠墙栽种。它们喜欢排水良好、肥沃的土壤，也可以种在直径 40 厘米的容器里。

如何种

可以生长成开放中心式，或者修剪成扇形、单干形、标准型和矮丁字形（详见"普通果树的整形"，第 28 页）。

冬季用充分腐熟的粪肥覆盖植物基部，干燥的夏季要好好为它们浇水。在植物挂满果实前先用麻绳和竹竿做好支撑。用防鸟网或者惊鸟器做好保护，确保你能在果实完全成熟时品尝到收获的喜悦和醋栗的甜美滋味。

必须等到醋栗完全成熟且味甜时才能采摘——它们成熟的时间可能比你预想的要长一些，看上去熟了和实际的最佳状态还有一定差距。从灌木上剪下或掐下一整串的果实，再用叉子从上往下捋来分离醋栗。在托盘上铺开后冷冻，效果很好，然后再用袋子分装即可。

科	茶藨子科
高度和冠幅	（1.5~2.5）米 × （1~1.5）米
耐寒性	耐寒区6
位置	阳光充足且有遮蔽物
收获季节	夏季

白醋栗其实就是红醋栗的白化变种，尽管经常作为独立的品种销售，但两者并非不同的植物学品种。

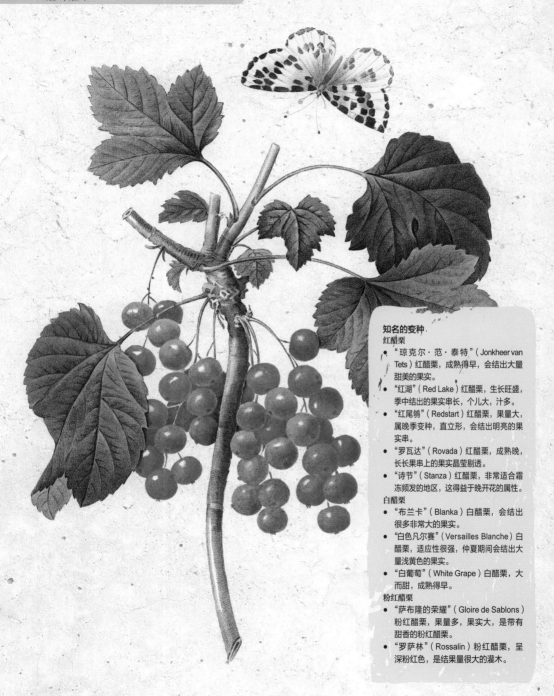

知名的变种

红醋栗

- "琼克尔·范·泰特"（Jonkheer van Tets）红醋栗，成熟得早，会结出大量甜美的果实。
- "红湖"（Red Lake）红醋栗，生长旺盛，季中结出的果实串长，个儿大，汁多。
- "红尾鸲"（Redstart）红醋栗，果量大，属晚季变种，直立形，会结出明亮的果实串。
- "罗瓦达"（Rovada）红醋栗，成熟晚，长长果串上的果实晶莹剔透。
- "诗节"（Stanza）红醋栗，非常适合霜冻频发的地区，这得益于晚开花的属性。

白醋栗

- "布兰卡"（Blanka）白醋栗，会结出很多非常大的果实。
- "白色凡尔赛"（Versailles Blanche）白醋栗，适应性很强，仲夏期间会结出大量浅黄色的果实。
- "白葡萄"（White Grape）白醋栗，大而甜，成熟得早。

粉红醋栗

- "萨布隆的荣耀"（Gloire de Sablons）粉红醋栗，果量多，果实大，是带有甜香的粉红醋栗。
- "罗萨林"（Rossalin）粉红醋栗，呈深粉红色，是结果量很大的灌木。

栽种秘笈

　　醋栗会长在老茎和新茎的基部，因此冬季修剪植物时，将新枝缩至两个芽来促进结果枝的生长，同时去除任何衰老的、枯萎的和有病害的茎。随后，初夏时节将所有新发的枝条只留两个芽，让植株保持紧凑。初春时为整形的植物修剪，比如扇形，剪掉新的茎条，保留 1/4 即可。每年交替修剪主茎的两侧，保持植株直立的状态。

鹅莓

Ribes uva-crispa

尽管很少在商店里见到销售的鹅莓，可事实上鹅莓是很容易栽培且有滋有味的浆果，得益于高产的属性，一直以来都在村舍花园中占有一席之地。这些自体能育的灌木有超过 100 种之多，包括烹饪用、甜点用和双重用途的栽培品种。

哪里种

鹅莓喜欢阳光充足、有遮蔽物的地方，喜欢湿润但排水良好且肥沃的土壤。要避免使用薄土和较为贫瘠的土壤，这样很容易使植物干透，产生霉菌以及形成霜袋地。早霜会降低结果量。鹅莓灌木耐阴，不过果量也会随之减少。

如何种

可以长成丛状形或标准型，靠墙修整或种在花盆里。栽种前在土壤里添加大量的完全腐熟的粪肥。冬季使用平衡肥，春季要检查树叶，查看是否有锯蝇幼虫，如果有的话，要及时清除。干旱时期要持续浇水，用防鸟网保护正在成熟的果实。用手从基部掰掉徒长枝，而不是用修剪的方式，这样可以促进再次生长。鹅莓会长在老枝和新枝的基部，因此冬季两者都要修剪，将新枝回缩保留一两个芽点，到了夏季，将枝条截短，只保留 5 片叶子。

栽种秘笈

一年可收获两次，在春末到夏初时收集未成熟的浆果。摘取时要隔一个果实，摘下来的鹅莓可以做果酱、馅饼等。让留在植物上的果实继续膨大成熟，它们会在夏末时成熟，收获后可放在味道浓郁的甜点中直接吃。

科	茶藨子科
高度和冠幅	（1~1.5）米 ×（1~1.5）米
耐寒性	耐寒区6
位置	阳光充足且有遮蔽物
收获季节	春末（还是绿色时）或者仲夏至夏末（完全成熟时）

海滨黑醋栗（*RIBES DIVARICATUM*）

海滨黑醋栗也叫作海滨黑鹅莓和野生鹅莓，其实就是人们熟知的伍斯特莓（Worcesterberry），这种紫色的浆果非常美味，长得很像鹅莓，具有极强的抗霉菌性。

在整个英国，各个鹅莓俱乐部都在比拼，看谁能种出最大最多的鹅莓。目前为止，最大的鹅莓变种是"蒙特罗斯"（Montrose），和鸡蛋的大小差不多。

知名的变种

- "无忧无虑"（Careless）鹅莓是古老的白色变种，果量大。
- "绿金翅"（Greenfinch）鹅莓是少刺的新变种，绿色的浆果非常适合用于烹饪。
- "希诺内梅基红"（Hinnonmäki Röd）鹅莓是新变种，果实又大又甜，呈紫红色。
- "因维克塔"（Invicta）鹅莓是新变种，具有很好的抗病性；绿色的果实很大，适合烹饪菜肴和制作甜点。
- "平等"（Leveller）鹅莓是古老的变种，结果量大，果实呈金黄色。

黑莓及其杂交品种

Rubus fruticosus

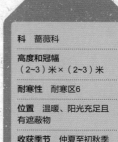

科　蔷薇科

高度和冠幅
（2~3）米×（2~3）米

耐寒性　耐寒区6

位置　温暖、阳光充足且有遮蔽物

收获季节　仲夏至初秋季

　　现代的栽培黑莓比其在乡野中所能找到的远亲结出的果实数量更多、更大也更为多汁。栽培品种通常无刺，具有更明显的向上生长的习性，使采摘、修整和控制更为方便。

　　黑莓的杂交品种，泰莓（tayberries）、罗甘莓（*R. × logano baccus*）和博伊森莓（boysenberries），都各具风味，（见下框）值得栽种，特别是这些莓果通常无法在商店里买到。

哪里种

　　黑莓和其杂交品种可以在任何土壤中愉快地生长，暴晒或有遮阴的地方都行，不过，和大多数水果一样，在阳光充足、有遮蔽物的地方结果量会更大一些。还有可以在容器中旺盛生长的矮小紧凑型的品种。

如何种

　　种下后，立即将茎剪短至距离地面30厘米高。这些生长旺盛、自体能育的植物可以任其自由蔓延生长，不过经过修整，在金属丝上或整成扇形后生长，可以结出更多的果实。春季用有机物覆盖根部，干旱的夏季需要好好为植物浇水。果实采摘后，将所有的结果茎条剪短至根部。再将新长出的更替茎条绑在金属丝上。

经法医分析鉴定，在丹麦日德兰半岛的沼泽地区发现的公元前493年的哈拉尔德斯卡尔（Haraldskaer）女子的胃里有黑莓残留物，证明人类食用黑莓已经有上千年的历史了。

杂交品种

　　泰莓是黑莓和树莓杂交出来的，根据苏格兰的泰河命名。罗甘莓是黑莓和树莓杂交而成，果实呈深红色，多汁，果味突出。博伊森莓比较复杂，是由罗甘莓、树莓、美国露莓和黑莓杂交而成的，富含汁水，具有黑莓风味。

栽种秘笈

黑莓灌木上的果实是逐渐成熟的，因此需要频繁采摘。和树莓不同（详见第 112 页），黑莓成熟时，需要与果柄一同摘下（树莓则会留下果柄）。

知名的品种和变种

黑莓

- "狂想曲"（Fantasia）黑莓生长非常旺盛，会结出大量美味且风味十足的果实。
- "海伦"（Helen）黑莓的果实又多又大，早熟，灌木无刺。
- "尼斯湖"（Loch Ness）黑莓产量高，果实富有光泽、味美。
- "无刺俄勒冈"（Oregon Thornless）黑莓是颇受人们喜爱的变种，果汁多、果味足。

杂交品种和变种

- 和其他的杂交浆果相比，无刺的博伊森莓不是旺盛生长的类型，因此非常适合种在大花盆里。
- "白金汉"（Buckingham）杂交浆果是无刺的泰莓，果实完全成熟后呈深红色。
- "利比亚 654"（Ly 654）杂交浆果是无刺的罗甘莓，需要等到果实完全成熟后采摘。

树莓

Rubus idaeus

树莓容易栽培，一直深受人们喜爱，味道独特、酸中带甜，鲜食冷冻风味俱佳，还可以制成果酱、布丁和果泥皮（详见第114页）。长长的、美味的结果季，有夏秋品种可供选择——夏季品种的结果茎第二年才会结果，而秋季品种第一年就会结果。

哪里种

虽说除了极碱土壤以外，树莓可以耐受大部分土壤，不过它们还是在湿润的、阳光充足且有遮蔽物的地方生长得最旺盛。在偏沙质的土壤中添加大量的有机物来帮助土壤在夏季时存留更多的水分。树莓在容器中也能快乐生长。

如何种

自体能育的树莓通常可以成排栽种，沿着金属丝修整，单株树莓则可以在支撑物的帮助下生长。春季时用覆盖物覆盖根部，待果实开始膨大时，要充分浇水，浇水时浇在植物基部以避免真菌性疾病的发生。去掉根部的徒长枝。

栽种秘笈

夏季结果的茎是前一年生长的茎，因此采摘后将这些结果枝剪短至靠近地面处，将仍旧健康的枝条绑在支撑物上。秋季结果的茎就是当季生长出来的茎条，需要在冬末剪短至靠近地面处。

科	蔷薇科
高度和冠幅	（1.8~2）米×（1.8~2）米
耐寒性	耐寒区6
位置	阳光充足且有遮蔽物
收获季节	仲夏至秋季

知名的变种

夏季结果

- "格伦安普"（Glen Ample）树莓是季中结果的无刺变种，果实大而美味。
- "格伦麦格纳"（Glen Magna）树莓结果晚，果实大。
- "格伦莫伊"（Glen Moy）树莓早熟无刺，是高产变种。
- "红宝石之美"（Ruby Beauty，NR7）树莓是早熟的紧凑型，非常适合盆栽。
- "塔拉明"（Tulameen）树莓属中晚季结果的类型，果实又大又甜。

秋季结果

- "全金"（All Gold）树莓，果实美味，呈黄色，这样刚好，似乎鸟儿会避开不吃。
- "秋之乐"（Autumn Bliss）树莓，果实中等大小，呈深红色。
- "琼约"（Joan J）树莓直立生长，多产，果实果味十足。
- "波尔卡"（Polka）树莓果实大，待第一波霜冻过后果味才会变浓。

树莓事实上是一团一团的小核果——每个小凸起都是一个果实，里面有自己的种子，彼此之间由细丝相连。

专题 10：树莓果泥皮

　　树莓是美味的浆果，赏味期很短，在商店中卖得很贵，除了冷冻，存放不了多长时间。不过，树莓可以做成甜美好吃的果泥皮——这些烘干的果泥皮卷可以在密封容器里存放数周，收获季过后，是为你和孩子们补充维生素的好方法。

　　许多其他的水果，例如苹果、杏、毛桃、油桃、李、草莓和其他浆果，单独或者混合起来也能做出好吃的果泥皮。无论使用的是哪种水果，你只需要制作出浓稠细腻的果泥，再慢慢地脱水变成柔软的果泥皮。尽管会花费相当长的时间，可做法非常简单，而且大部分的工作其实都是在夜间完成的。

　　将烤箱预热，温度设定要非常低，比如 75℃。将洗净的树莓和等量的去皮苹果丁一起放入深平底煮锅中炖煮至软烂。如果愿意，可以添加蜂蜜调味。待果泥稍稍放凉一些，过滤。然后在烤盘中铺上防油纸，刷少许油，倒入混合物，均匀地抹平摊薄，轻微晃动烤盘的 4 个角，让混合物铺满整个烤盘。放入烤箱，烘干约 10 小时或一整夜。果泥皮应该会有点儿发黏，但不会黏手，可以轻松地从防油纸上剥离。冷却后，切成长条或者其他形状，取下防油纸后卷成卷。树莓果泥皮在密封容器中可以存放大约 3 个月，冷冻保存可至 6 个月。

1. 在树莓或其他水果完全成熟时采摘。你大约需要 500 克树莓来制作可以铺满整个烤盘的树莓果泥皮。

2. 将洗净的树莓和苹果丁放入锅中，小火炖煮至软烂。

3. 树莓和黑莓等浆果里有大量种子，煮至软烂后需要过滤。

4. 将混合物在铺有防油纸的烤盘中薄薄地摊开。变干后，混合物会变成明亮的、可弯曲的类似皮革一样的东西。

5. 果泥皮冷却后，切成长条或其他形状后卷成卷。

蓝莓

Vaccinium（种）

蓝莓是美丽的植物，开钟形花，随后会结出好吃的、富含营养的浆果；许多蓝莓的秋叶颜色都非常迷人。主要栽种的蓝莓是高丛（*V. corymbosum*）和矮丛（*V. angustifolium*）蓝莓。两者的结果季都很长，让你能从仲夏至秋季一直享用新鲜的蓝莓。有些品种是自体能育的，但如果不止一株蓝莓植物的话，会结出更多的果实。

哪里种

易于栽培的蓝莓需要湿润的酸性土壤，如果花园里是碱性土壤的话，蓝莓也能在使用杜鹃花科专用土的花盆里快乐生长（详见《专题11：盆栽蓝莓》，第118页）。

如何种

要始终用雨水好好浇灌植物（绝不要用自来水），在根部覆盖酸性物质，比如碎树皮或松针。一旦出果实，需立即覆盖防鸟网。整株蓝莓植物上，果实会逐渐成熟，因此需要每隔几天，当果实呈深紫色时就去采摘。冬季修剪植物，使新枝生长和变得粗壮，春季施加不含石灰的肥料。

栽种秘笈

蓝莓需要酸性土壤环境，因此每年春季要测试土壤的酸碱度。如果需要，可以添加硫黄粉来降低土壤酸碱度至5.5或更低。

<table>
<tr><td>科</td><td>杜鹃花科（Ericaceae）</td></tr>
<tr><td>高度和冠幅</td><td>（1.5~2）米×1.5米</td></tr>
<tr><td>耐寒性</td><td>耐寒区6</td></tr>
<tr><td>位置</td><td>阳光充足且有遮蔽物</td></tr>
<tr><td>收获季节</td><td>仲夏至秋季</td></tr>
</table>

知名的变种

高丛

- "蓝丰"（Bluecrop，自体能育）蓝莓适应性强，果实大、好吃，仲夏成熟。
- "公爵"（Duke，自体能育）蓝莓枝叶茂密，开花晚结果早，非常适合凉温带地区。
- "纳尔逊"（Nelson，自体能育）蓝莓果实大而美味。
- "粉红柠檬汽水"（Pink Lemonade，自体能育）蓝莓，果实风味适中，呈深粉红色。
- "斯巴达"（Spartan）蓝莓是早中熟变种，果味浓郁，周围需要有另一株蓝莓植物才能结出更多的果实。
- "阳光蓝"（Sunshine Blue，自体能育）蓝莓的植株茂密矮壮，非常适合盆栽。

矮丛

- "齐佩瓦"（Chippewa，自体能育）蓝莓耐寒、紧凑，果实大，呈天蓝色。

和其他浆果一样，蓝莓也被奉为超级食物，是维生素 C 的重要来源，富含花青素和抗氧化物等植物化学物质，据说能有效改善一系列健康问题。

专题 11：盆栽蓝莓

盆栽水果的乐趣之一就在于你可以想种什么就种什么，不用去管你家花园的土壤是什么情况。在容器里，你可以定制盆土，为植物提供它们真正所需的一切。

蓝莓会有点儿不好应付，因为它们需要轻质的、湿润的土壤，最重要的还得是酸性的，不过这点倒让它们成了完美的盆栽植物。蓝莓是非常美丽的植物，钟形花朵小巧玲珑，秋叶漂亮迷人，果实美味可口，还会同时在一棵植物上呈现出绿色、粉色或灰紫色的迷人色彩。

如果你的空间仅能容纳一株蓝莓，那一定要选择自体能育的品种，比如"纳尔逊"或"阳光蓝"，依靠自己结出果实，但如果你的地方够大，多种一株蓝莓绝对值得，这样做能确保顺利并大量地结果。

一定要使用杜鹃花科专用盆土，因为普通盆土的碱性过高，会最终害死蓝莓。栽种后，在盆土表面覆盖酸性覆盖物，比如树皮或松针，来帮助土壤保湿。

要好好为蓝莓浇水，保持盆土湿润，如果可能，最好使用雨水。自来水偏碱性，会不断中和盆土，使蓝莓衰弱。将你的蓝莓植物放在温暖的、阳光充足的地方，气候炎热的时候注意查看并浇水。要防范贪吃的鸟儿偷吃蓝莓。同时要记住，蓝莓成熟的时间不尽相同，需要经常查看和采摘，这样才不至于错过任何果实。

1 蓝莓喜欢排水良好的土壤，因此可以在两份杜鹃花科盆土中添加一份沙子。

2 先给蓝莓浇透水，再将其放在花盆的中央，种植位置和之前的容器保持一致。

3 保持盆土湿润，尤其在温暖的气候下，使用雨水而不是自来水，自来水偏碱性。

4 花朵刚开始凋谢时，就要用防鸟网保护蓝莓，让网和果实保持一定的距离，这样鸟儿就不能穿过网子啄食到蓝莓了。

蔓越莓

Vaccinium macrocarpon，也叫美洲蔓越莓、大果蔓越莓、熊莓

蔓越莓是矮生、自体能育的常绿灌木，开花时，小小的粉色花朵会覆盖满整个植物，随后长出多汁的深红色浆果。蔓越莓生长在美国北部的沼泽荒原中，如果你能在家中复制出这种生长条件，蔓越莓会在种下后的第三年开始结果。

科	杜鹃花科
高度和冠幅	20厘米×200厘米
耐寒性	耐寒区6
位置	有阳光或半阴
收获季节	秋季

哪里种

蔓越莓喜欢潮湿但不会积水的酸性土壤，这种生长条件用盆栽更容易控制，可以使用杜鹃花科盆土。或者，挖一个专门的苗圃，里面铺一层带孔塑料。

如何种

栽种前先将盆土润湿，种好后用沙子覆盖植物。收获后轻剪以促进长势和直立生长，之后会结出更多的果实。

栽种秘笈

收集雨水，雨水的酸碱度低于自来水。有规律地用雨水浇灌植物，保持湿润。

商业种植蔓越莓会在生长季保持植物的湿润，然后用大量的水淹没植物来使收获轻松一些——收获时捞取浮在水面的蔓越莓即可。

知名的变种
- "早黑"（Early Black）蔓越莓结果早，果实大且汁水多，呈紫红色。
- "旅人"（Pilgrim）蔓越莓的绿色叶片到了秋季会变成黄铜色，非常适合盆栽。
- "红星"（Red Star）蔓越莓长势旺盛，果实大。
- "史蒂文斯"（Stevens）蔓越莓果实硬实、多汁，比其他变种的蔓越莓要甜。

越橘

Vaccinium vitis-idaea，也叫高山种蔓越莓、欧洲越橘

　　越橘是矮生常绿植物，果实多汁、味酸，和蔓越莓一样呈红色（详见第 120 页），不过越橘栽种起来更容易，通常一年会结两次果。尽管越橘自体能育，可要想结果更多，最好能多种一株。越橘粉红色的花朵十分迷人，非常适合盆栽。

哪里种

　　越橘喜欢多沙的、排水良好的酸性土壤，或者杜鹃花科专用盆土。在阳光充足的地方结出的果实更多更好。

如何种

　　用比自来水酸碱度低的雨水浇灌，保持植物湿润。秋季或冬季剪掉老枝来促发新的结果枝。越橘需要两年时间才能开始结果。

栽种秘笈

　　用树皮覆盖根部防止土壤的酸碱度升高，还可以压制杂草的生长。

越橘原生于斯堪的纳维亚，是受人欢迎的采摘水果，还是制作果酱、调味汁和许多传统佳肴的重要食材。

科　杜鹃花科

高度和冠幅
20厘米×20厘米

耐寒性　耐寒区6

位置　有阳光或半阴

收获季节　仲夏至初秋

知名的变种
- "艾达"（Ida）越橘是矮化变种，非常适合盆栽。
- "克拉尔群"（Koralle Group）越橘齐整茂密，果实大而多汁。
- "红珍珠"（Red Pearl）越橘长势旺盛，高产。

葡萄

Vitis vinifera，也叫栽培葡萄

幸好这些漂亮的、自体能育的藤本大叶植物容易栽培，甚至可以种在特别小的空间里。可以帮助它们沿着墙壁或篱笆攀缘，或者种在花盆里修整成标准大小。有采摘鲜食葡萄（一般称作甜点葡萄）和酿酒葡萄之分。

哪里种

酿酒葡萄可以户外地栽，选择温暖、阳光充足、有遮蔽物的地方，比如靠着墙或篱笆。采摘鲜食葡萄需要温暖和光照，凉温带地区应在温室栽培，或者种在户外，随后在温室中修整。葡萄喜欢排水良好的土壤，除此之外能够耐受大多数土壤类型。

如何种

葡萄是长势旺盛的藤本植物，要么按照居由式（Guyot system，将一根或两根结果木桩沿着铁丝的两个相反的方向修剪），要么按照高登式（在墙壁或篱笆的铁丝上，以间隔的方式对一根或多根木桩上带有果芽的短枝进行修剪）修剪。如果空间有限，或者是盆栽的话，还可以将葡萄的木桩修整成高而直的标准型。

第一年在干旱的时期要给葡萄充分浇水。头两年摘掉所有的花；3 年的葡萄仅可以保留 3 串果实。随后，就可以让葡萄藤自由地开花和结果了。

小葡萄粒长出来后，就要开始施加高钾液肥，同时要用网来防止鸟儿和黄蜂靠近。在葡萄粒接近豌豆大小的时候疏果，每 3 颗里面去掉 1 颗，这样剩余的葡萄就可以进一步膨大。要确保葡萄能充分成熟，掐掉果实周围的叶片，这样阳光就能照到葡萄上了。

葡萄变软即成熟。不过，尝一下味道会让你更加确

科	葡萄科（Vitaceae）
高度和冠幅	12米×（2.5~4）米
耐寒性	耐寒区5
位置	全日照且有遮蔽物
收获季节	晚夏至仲秋

葡萄皮上的酵母菌是自然生成的，葡萄一经压榨就会开始发酵，将糖转化成酒精。

定——成熟的葡萄应该是芬芳甜蜜的。

　　葡萄藤结果的是一年枝，因此需要每年修剪。葡萄藤生长时会流出大量汁液，所以等到冬末休眠时再修剪。高登式和标准型需要将侧枝上的芽减少至两个，居由式则保留三四个芽。

栽种秘笈

　　用白鹅卵石或砾石覆盖葡萄藤基部及周围，这样做不仅可以压制杂草的生长，还能保水，同时将阳光反射到植物冠盖的下方。相反，深色的覆盖物会吸收阳光中的热量为土壤保温。不要使用有机覆盖物，比如粪肥，这样会增加土壤的肥力，导致葡萄藤徒长，果实变少。

知名的变种
采摘鲜食葡萄
- "博斯科普荣耀"（Boskoop Glory）葡萄是户外地栽的变种，味道好，果实呈黑色。
- "巴克兰甜水"（Buckland Sweetwater）葡萄属紧凑型，果实甜，早熟，呈白色。
- "亚历山大麝香"（Muscat of Alexandria）葡萄呈白色，果实需要在温暖的条件下才能很好地成熟。
- "希瓦格罗萨"（Shiava Grossa）葡萄，也叫黑色汉博拉（Black Hamburgh），长势强健，既可以户外地栽也可以种在温室中，会结出甜甜的深红色果实。

酿酒葡萄
- "巴克科斯"（Bacchus）葡萄是白色的，具有独特的风味，在凉温带地区可以户外地栽。
- "黑皮诺"（Pinot Noir）葡萄需要凉温带的气候条件，这样它红色的葡萄才能完全成熟。
- "白谢瓦尔"（Seyval Blanc）葡萄适应性强，为白葡萄变种，具有很好的抗病性。

坚果类水果

美国山核桃

Carya illinoinensis

高大、优雅、美丽的美国山核桃是生长缓慢的乔木，除了耐心和空间以外，别无他求。它们极易栽种，无须照顾。尽管自体能育，不过最好还是能和附近的另一棵美国山核桃树一同生长。

哪里种

这些巨大的乔木仅适合种在超大的花园里，它们喜欢肥沃、排水良好的土壤，需要遮蔽物阻挡强风。

如何种

按照标准中央领导干树形生长。美国山核桃树在开始的头三四年里几乎不怎么生长，而是集中精力向下长出长长的主根，所以树木根部不能有杂草并且土壤不能干透。每年春季施加平衡肥。冬季剪掉拥挤或交叉生长的枝条。

栽种秘笈

选择嫁接的栽培品种会在种下后的第四年收获果实。果实的外皮一旦开裂，就可以收获了。果实可以存放在冰箱里，冷藏或冷冻可保存 6 个月。

科	胡桃科（Juglandaceae）

高度和冠幅
30米×20米

耐寒性 耐寒区6

位置 全日照且有遮蔽物

收获季节 秋季

知名的变种

- "卡尔森 3 号"（Carlson No.3）美国山核桃是"北方"变种，适合凉温带地区栽种；开花结果早，果实小，呈椭圆形，是非常好吃的坚果。
- "值得拥有"（Desirable）美国山核桃适应性强，会结出许多又大又圆的果实。
- "卢卡斯"（Lucas）美国山核桃适合北方地区栽种，耐寒、高产，果实美味丰润，个儿小。
- "莫西干"（Mohawk）美国山核桃会在 5~7 年内结出硕大的果实，适合种在温暖的地区。
- "毛拉"（Mullahy）美国山核桃又是一个适合种在凉温带地区的"北方"变种，果实大，味道好。

原产于北美洲南部的一些国家，新培育出来的较为坚硬的美国山核桃品种具有更好的耐寒性，对漫长温暖的夏季需求不再那么明显。

甜栗

Castanea sativa, 也叫欧洲栗、西班牙栗

秋季成熟的甜栗易于栽种、寿命长、产量高，仅适合大花园种植。非自体能育，因此至少要栽 2 个品种。甜栗结果很慢——要寻找新的会在 3 年或 4 年内结果的嫁接品种。栗子营养丰富，耐存放，一旦变干可以放很长时间。

科	壳斗科（Fagaceae）
高度和冠幅 12米×8米	
耐寒性	耐寒区6
位置	全日照
收获季节	秋季

哪里种

种在排水良好的肥沃土壤中，不要积水或白垩土。种在背阴处不会结果。

如何种

夏季气候干燥且甜栗开始成形时，要充分浇水。仅在头几年中剪枝，修整成开放形态，冬季进行。

甜栗曾经是欧洲的主食，现在通常仅作为精美的甜品来享用——尤其在圣诞节时会用来制作馅料（详见《专题 12：甜栗馅料》，第 128 页）和布丁。

栽种秘笈

要赶在松鼠和其他小动物下手前，收集掉落的甜栗。要佩戴手套将甜栗从带刺的壳中剥出，然后将甜栗放几天晾干，这样会更甜。

知名的变种

- "马里古勒"（Marigoule）甜栗果实很大，呈深红色，栽种后两年内会结果。
- "里昂"（Marron de Lyon）甜栗适应性强，种下后 3 年内会结果，果实大。
- "帝王"（Regal）甜栗，10 年仅能长至 5 米高，栽种后两三年里会结出美味的果实。

专题 12：甜栗馅料

　　亮晶晶的甜栗朴实无华、用途多样，是经典的节日食材，可咸可甜，美味可口，可以用在布丁和蛋糕里，用来做汤、炖菜和烤肉类晚餐同样好吃，自己家种的味道会更好！馅料是每个节日大餐不可或缺的一部分，是享用自己种出来的果实的美味方式，把馅料与香草、面包屑和香肠肉混合在一起烘烤即可。

　　要确保甜栗的高品质，就要好好为甜栗树浇水，特别是如果临近收获的那几周天气特别干燥的话。甜栗一旦成熟，就会开始从树上掉落，收获应该能够持续两周，因此你需要每几天就查看一下你的甜栗树。收获甜栗一定要快，否则就都是松鼠的了！糟糕的一点是，甜栗会和叶子同时掉落，在落叶中找甜栗是件累人的苦差事。

　　刚摘下来还是种子的甜栗含水量很高，这意味着它们会很快腐坏。如果可以，最好放在户外晾晒几天，在室内晾干也行，随后就能放到冰箱保存几周。甜栗不能直接生吃，要么煮熟，要么烤熟，总之必须做熟才能食用。要先用锋利的刀小心地划开每个甜栗的外壳，否则制作时会炸裂。一旦做好，去掉外壳和薄而干的外皮，接着就可以按照你最爱的甜栗馅料食谱制作了。

1　甜栗秋季成熟，一旦带刺的壳开始开裂就可以收获了。

2　将收集起来的甜栗放入大平底锅中，用明火或者烤箱烘烤，直到外壳裂开为止。

3　趁甜栗还热的时候剥掉外皮，要确保把苦涩的栗壳和毛茸茸的表皮都去掉。

4　泥状的甜栗馅料是许多节日大餐中必不可少的食材。

落叶乔木或灌木

欧洲榛

Corylus avellana

欧洲榛是栽培榛子，特点是具有独特的覆盖坚果的薄外壳。欧洲榛原产于欧洲和西亚，因其坚果和木材而种植。尽管自体能育，可如果不止一棵树的话，结实量更大。

哪里种

欧洲榛树可以耐受各种土壤条件，只要土壤酸碱度介于5~7.5 且排水良好。它们需要种在有遮蔽物的地方和全日照条件下，因为雄树和雌树都是在冬末或很早的初春时开花。

如何种

欧洲榛树最好是多枝条生长，种在一起以便使授粉最大化。春季施通用肥。定期修剪促进结实枝的生长，冬末时去除较老和粗壮的枝条。

栽种秘笈

要促发花芽，夏末时掰折（掰成两半但不是完全折断）一点儿新枝，留着它们挂在树上。冬季再把它们截短至10 厘米。

科	桦木科（Betulaceae）
高度和冠幅	6米×5米
耐寒性	耐寒区6
位置	全日照且有遮蔽物
收获季节	晚夏

从生态学的观点来看，欧洲榛树是重要的食物来源，鳞翅目昆虫以其树叶为食，而无脊椎动物、小型哺乳动物（如松鼠）和鸟类则会食用它的果实。

知名的变种
- "巴特勒"（Butler）欧洲榛的果树苗壮茂盛，果实大而美味。
- "科斯福德"（Cosford Cob）大欧洲榛，味道甜美。
- "托达迪吉福尼"（Tonda di Giffoni）欧洲榛，树形紧凑高产，果实大。
- "丰硕的皮尔逊"（Pearson's Prolific）欧洲榛，树形小，果实风味好。

大果榛

Corylus maxima

大果榛是榛子的一种，类似于欧洲榛，不过其长长的纸状外皮通常会将整颗坚果完全包裹。大果榛的价值在于它们秋季的色彩、木材和坚果果实。它们自体能育，如果周围有不止一株大果榛落叶灌木的话，结出的坚果量会更大。

哪里种

大果榛在光照下结实最好。要避开霜袋地，因为花朵和柔荑花序会在年初长出。大果榛能在除积水外的任何土壤中生长。

如何种

春季在基部周围覆盖大量的有机物，干旱的季节要充分浇水。夏季时掰折（详见"栽种秘笈"，第130页）新枝来促发花芽，冬季截短至10厘米。定期修剪以促进结实枝的生发，冬季去除较老较粗的枝条。

栽种秘笈

大果榛树最好多枝条生长，因此购买时，最好选择基部已经修整成多枝条形状的植物。

科	桦木科
高度和冠幅 6米×5米	
耐寒性	耐寒区6
位置	有阳光或半阴、有遮蔽物
收获季节	晚夏

很多人都认为大果榛的名字（大果榛的英文名为 Filbert）来自法国的圣菲尔贝尔（St Philbert）节日，该节日为 8 月 20 日，也是大果榛成熟的日子。

知名的变种

- "甘斯伯特"（Gunslebert）大果榛，适应性强，坚果外壳紧实，可以防止蟛蜞的侵害。
- "肯特"（Kentish Cob）大果榛，也叫"兰伯特大果榛"（Lambert's Filbert），是古老的直立变种。
- "紫"（Purpurea）大果榛的叶片呈深红色，柔荑花序为红色，会结出大量的果实。

核桃

Juglans regia，也叫英国核桃、波斯胡桃、胡桃

　　高大雄伟的核桃树，自体能育，适合大花园种植。它们容易栽种，会结出大而美味的坚果，可以趁新鲜直接食用，"湿"（新鲜）吃或干吃都好吃。如果附近有不止一棵核桃树的话，结出的果实会更大些。

哪里种

　　核桃在肥沃、排水良好的碱性土壤里长势最好。需避开多风处和霜袋地，因为春季霜冻会损害花朵和树叶。

如何种

　　秋季或冬季栽下，春季施平衡肥。必要时剪枝，但只能在仲夏到秋季期间修剪，以免"流血"。仲夏时收获绿色的核桃，要么就等到初秋外壳开裂时再摘。

栽种秘笈

　　始终要选择适合你所处地区的品种——晚落叶、晚开花的品种是凉温带地区的首选。选择嫁接品种，会在树的生命周期的较早期结果，也更加耐霜冻。

科　胡桃科
高度和冠幅 30米×15米
耐寒性　耐寒区6
位置　全日照
收获季节　仲夏（绿）或 初秋（完全成熟时）

核桃会产生生长抑制剂黄酮，会对附近的番茄和苹果等敏感型植物造成不良影响。在这方面核桃（*J. regia*）比黑胡桃（*J. nigra*）的问题要小很多。

知名的变种

- "布罗德维尤"（Broadview）核桃，树形紧凑，非常耐寒，落叶晚，如果不修整，可长至9米高。
- "海盗"（Buccaneer）核桃，直立树形，第四年结实，果仁很适合腌渍。
- "弗朗盖特"（Franquette）核桃，长叶晚，是法国变种。
- "丽塔"（Rita）核桃，树形紧凑，经过修剪，树高可以不超过8米。

扁桃

Prunus dulcis，也叫甜杏仁、杏仁油植物

扁桃是迷人的乔木，粉红色的芬芳花朵之后会结出大量绿色的、像桃一样的水果，每一个里面都有一颗美味的果仁。自体能育和紧凑型的扁桃可以为花园锦上添花，如果周围不止一棵的话，结实量会更大。

哪里种

将扁桃靠着温暖的阳光充足的墙壁栽种，会收获更加慷慨的馈赠。使用排水良好的肥沃土壤。

如何种

选择玛丽安娜（Marianna）24~26 号砧木，修整成开放的直立树形或者靠墙修整成扇形。春季用大量的有机物覆盖根部。开花期间如果天气不好需要人工授粉。春季或夏季修剪，避免感染银叶病。

栽种秘笈

一旦外壳开裂就可以收获了。去掉外壳，将果仁晾晒几天，变干后就可以很好地保存了。

科	蔷薇科
高度和冠幅	（4~8）米 ×（4~8）米
耐寒性	耐寒区6
位置	阳光充足且有遮蔽物
收获季节	晚夏

知名的变种
- "英格里德"（Ingrid）扁桃，适应性强，是扁桃和桃树的杂交变种，开粉花，结实量大。
- "曼德琳"（Mandaline，自体能育）扁桃，果实品质高。
- "公主"（Princesse）扁桃开花早，花朵呈白色，结实量大；可以在一定程度上抵抗桃缩叶病。
- "罗宾金"（Robijin，自体能育）扁桃，是现代扁桃和桃树的杂交变种，果仁味甜。

世界上最大的扁桃产地是美国的加利福尼亚州，为确保授粉，那里租用了全美超过半数的蜜蜂，将这些蜜蜂从美国各地由卡车送到加州的扁桃林里。

133

常见问题

　　无论你种什么，病虫害是不可避免的，对付这些问题最好的办法就是预防。好的栽培方法会帮助你养出健康、苗壮的植物，不易受到侵害。因此，要始终让栽培的水果处于理想条件下，从生命之初就尽可能给予它最好的一切。

　　要始终做好几项前期工作，比如剪枝、浇水和施肥，不要让植物挤在一起。可以吸引诸如蜜蜂、蝴蝶和小鸟等益虫和小动物来你的花园帮助你，并最终找到可能出问题的害虫和疾病，有的放矢，对症下药。许多过去用来对付病虫害的传统化学药品，现在不再合法，不能用在食用作物上。你家附近的园艺商店应该知道哪种仍然能用，应该还会提供生物控制法，即通过引入某种害虫的天敌来治理虫害。

栽培问题

　　将水果种在不太合适的地方或者只是偶尔养护会导致植物因环境恶劣而生病，继而影响植物的健康和结果的能力。这可能会产生以下的栽培问题。

果实开裂

　　毫无规律地胡乱浇水以及让成熟的果实长时间挂在树上都会导致果实开裂，樱桃、葡萄、醋栗和甜瓜都容易出现这个问题。有规律地浇水和成熟后立即采摘可以避免这种情况的发生。

养分匮乏

　　叶片变黄或叶间发黄都是土壤或盆土中养分不足的表现，对于喜欢酸性土壤的水果而言，则说明土壤碱性过强。定期为植物施肥并在土壤中添加硫黄粉来降低土壤的酸碱度。

坐果差

　　这是由于开花不好，授粉不足以及花朵受到霜冻侵害导致，要保护花朵不要遭受霜冻害，确保有昆虫在授粉，在合适的时间定期剪枝，花量少可能是剪枝不足或者修剪时机不对造成的。

动物伤害

　　保持警惕，尽早发现问题就可以将损害减小到最低。可以购买对真菌性病害具有抗性的品种。

蚜虫

　　蚜虫会在初夏对许多水果发起攻击，最容易在幼嫩的枝条末端看到它们的身影。尽管造成的损害不大，可它们会传播病毒。可以用手指把它们捏爆，并引入瓢虫和其他天然捕食者到你的花园里来。

鸟

　　鸟和你我一样喜欢吃水果，不过糟糕的是，这意味着它们有潜力消灭所有水果，甚至你都来不及看上一眼就全没了。樱桃、醋栗和其他一些浆果都很娇

嫩，所以当花朵凋谢时，就要放置绷紧
的网子保护好植物。

苹果蠹蛾

　　蠹蛾幼虫会钻入苹果和西洋梨等水
果的芯里进食，在这个过程中破坏水果
并留下伤口，使得黄蜂等其他害虫对水果
造成二次伤害。春末时，在易受侵害的
果树上悬挂信息素诱捕器捕捉雄性害虫，
使雌性无法交配。

鹅莓锯蝇

　　如果鹅莓、红醋栗和白醋栗在初夏
时出现叶片脱落的现象，那么小而绿的
锯蝇幼虫可能就是罪魁祸首。锯蝇的侵
害会导致植物衰弱，所以从春末开始就
要频繁查看植物，看看是不是有锯蝇幼
虫，有的话用手取下。还可以使用生物
控制法和购买化学药剂喷雾。

粉蚧

　　生长在温室里的柑橘属果树和葡萄
会出现粉蚧滋生的问题。粉蚧毛茸茸
的，体表有白色蜡质覆盖物，会吸食
植物叶片中的汁液。它们还会分泌黏
性物质，残留在叶片上导致煤烟病的发
生。它们会藏在植物的隐蔽角落，很难
除掉。大量滋生会抑制植物生长，导致
结果量很少。检查植物，使用生物控制
法，引入孟氏隐唇瓢虫或者在植物上喷
洒杀虫肥皂水。

红蜘蛛螨

　　要小心温室里的甜瓜、葡萄和柑橘

白色毛茸茸的粉蚧是葡萄、柑橘属果树和无花果树的常见
问题

属果树上的红蜘蛛螨，它们偶尔也会出
现在苹果树和李树上。这些是吸吮果树
叶片汁液的螨虫，严重的话会害死植物。
症状主要是叶片上长黄斑、掉叶、树叶
和植物间有细丝网。红蜘蛛螨喜欢温暖
干燥的环境，所以只是在夏季暴发。要
保持温室中的湿度，天热的时候每天都
要保持地面潮湿。立即移除受到侵害的
植物，要确保在季末彻底打扫和清理温
室，防止下一季再次暴发红蜘蛛螨。

蛞蝓和蜗牛

　　室外地栽的草莓和甜瓜会面临蛞蝓
和蜗牛的潜在问题。它们有着类似的黏
液轨迹，而叶片上的小洞则是它们到访
后留下的痕迹。要防止蛞蝓和蜗牛的侵
害，可以用啤酒陷阱或者向上翘起的柑
橘类果皮，还可以在植物的基部周围撒
上除蛞蝓的小颗粒（成分是硫酸铁而不
是四聚乙醛，毒性较低，对于儿童、宠
物和野外生物危害较小）。夜间用手电
筒开展搜捕行动也十分奏效。

果实一旦成熟就要立刻采摘，防止黄蜂毁坏

葡萄孢菌病是葡萄等无核小果的常见问题，尤其是湿度过高时

黄蜂

从仲夏开始，黄蜂就会不断地骚扰。它们喜欢草莓和葡萄等浆果，也会受到苹果、西洋梨和李的吸引，所以水果一旦成熟一定要立刻采摘。将用水稀释的果酱诱捕器悬挂在树上，捡起风吹到树下的落果。

冬尺蠖

春季，冬尺蠖会侵害果树新长出来的叶片、芽苞和花朵，尤其是李树、西洋梨树和樱桃树。秋末到春季期间用手挤爆虫卵，或者秋季时在每棵树的树干上涂抹一圈凡士林油脂，这样不能飞的雌虫就无法在上面爬行和产卵了。

病害
细菌性穿孔病

细菌性穿孔病会侵害核果树，如樱桃树、扁桃树、毛桃树、油桃树、杏树、李树，还有苹果树等，这是种很严重的病害，最终会害死果树。感染的迹象有叶片上长棕斑，顶芽易枯死以及树干或枝条有透明的棕色树胶渗出。夏季时，一旦发现任何症状，要立即截掉感染的枝条。秋季使用铜基杀菌剂也有效果。

花枯病

核果树（樱桃树、杏树、毛桃树、油桃树、李树、欧洲李树和乌荆子李树）、苹果树和西洋梨树易得花枯病——花朵刚一出现就枯萎腐烂，但仍会挂在树上。花枯病还会传染给叶片，由此使果树衰弱，容易受其他问题的损害。修剪受到感染的花茎，保留健康组织，或者先下手为强，开花前在植物上喷洒铜基杀菌剂。

葡萄孢菌病

灰霉病（葡萄孢菌病的一种）是无核小果的常见问题，会导致叶片和其他软组织上覆盖一层灰色的毛，最终会导致植物死亡。湿度高时容易染病，所以浇水时要浇在植物下面，并确保温室里面有良好的通风。去除感染的部位。

珊瑚斑病如果不加以控制，会不断在茎干上蔓延，变得肆无忌惮

当心毛茸茸的灰色警告，这是霜霉病，要用手掐掉所有感染的叶片

褐腐病

任何受损伤的水果都可能得上褐腐病，病原菌会从伤口侵入，使水果变成褐色，长出圆形的褐色斑点。摘掉患病的水果，防止二次感染。

珊瑚斑病

所有木本水果都有可能染上这种病害，尤其是醋栗、无花果和葡萄。留意死枝上凸起的橙粉色斑点，一发现就直接剪掉，珊瑚斑病蔓延得十分迅速。

霜霉病

这种植物病害会导致葡萄和甜瓜的叶片、花朵和果实出现斑点和灰色的茸毛。这种病害易在潮湿的气候下滋生，因此不要过度浇水，要浇在植物基部而不是叶片上。此外，不要让植物挤在一起，要让空气在周围很好地流动。一看到有地方感染就要赶紧掐掉。

火疫病

蔷薇科的成员——苹果树、西洋梨树和榅桲树——很容易受到火疫病的侵害。这种细菌性病害会使叶片、茎干和枝条变黑。没有办法治愈，只能剪掉感染的部位，重新长出健康的组织。剪枝后记得给工具消毒。

锈病

这种真菌会侵害茎果，有时也会出现在西洋梨树和李树上。夏季的时候，锈病会在叶片上表现出来，可以看到亮橙色的肿斑。这种病害会使植物衰弱，所以一看到就要立即掐掉感染的叶片。

银叶病

银叶病会侵害所有的核果树（樱桃树、杏树、毛桃树、油桃树、李树、欧洲李树和乌荆子李树），树叶上会呈现出银色的光泽，随后就会枯萎并死亡。紫色支架真菌也会出现在枝条上。真菌会通过修枝的切口侵入，所以要夏季剪枝，此时树的汁液会增加，霉菌孢子不那么盛行，可以降低感染的风险。

春季随时准备好园艺用羊毛，保护核果的花朵不要受到早霜的侵害

小心地用麻绳绑好新生的树莓，8根为一组

樱桃一旦成熟就要立即采摘，随后为樱桃树剪枝

当草莓的花朵开始凋谢时，就要罩上防鸟网，防止觅食的鸟儿偷吃

一年四季要做的事

　　要使你的果树保持最好的健康状态，结出大量美味的果实，你需要在一年中对的时间做对的事。每个季节植物都有它们自己的需求，从浇水、除草、施肥到剪枝、收获和储存等。使用以下简便的日程安排，可以帮助你完成四季中最为重要的关键性工作。

春季

· 在果树和灌木的基部周围覆盖 5 厘米厚的有机物，不要碰到茎部和树干。
· 为盆栽的植物换盆或者施肥，给每株植物施足量的液肥。
· 挖出果树周围的杂草。
· 春季是栽种裸根植物最后的机会。

乔木类和坚果类

· 春季一直要密切关注霜冻预报，用园艺用羊毛保护好核果树（樱桃树、杏树、毛桃树、油桃树、李树、欧洲李树和乌荆子李树）开的花。记得白天要移除保护层，这样传粉昆虫才能进入花朵授粉。
· 去除果树根部周围的根出条，不用剪掉，用手掰掉就行，这样可以促进再生。
· 修剪无花果树。
· 悬挂苹果蠹蛾的信息素诱捕器。
· 收获枇杷。
· 修剪扁桃。

无核小果和瓜果类

· 播下野草莓的种子，将幼苗栽入花盆中，春末时再户外地栽。
· 要保护好所有地栽的草莓，使它们不受蛞蝓和蜗牛的侵害，在植物基部周围铺上稻草和防护垫，在果实发育时期做好保护。
· 播下甜瓜种子，在春季稍晚的时候栽入花盆中。
· 采摘早季草莓和长在温室里的草莓。
· 为盆栽的水果浇水，用雨水浇灌蓝莓、蔓越莓和越橘，检查并为新栽的果树以及所有靠墙生长的水果浇水。
· 开始捆绑并修整猕猴桃树的茎条。
· 修整和绑好扇形果树。
· 在温暖的日子里，打开温室的门和通风孔，这样传粉昆虫才能接近植物授粉。
· 用手轻轻掠过葡萄开的花来帮助授粉。
· 保护好所有的水果不受鸟儿的伤害，一旦花朵开始凋谢，就要立即为它们覆盖防护网。
· 采摘鹅莓。
· 要密切关注红醋栗、粉红醋栗、白醋栗和鹅莓，留意是否有鹅莓锯蝇的迹象。

夏季

· 定期除掉果树周围的杂草。

- 检查受到干旱威胁的植物，尤其是那些新栽的、盆栽的和靠墙种植的。
- 开始定期为盆栽的果树施高钾液肥。

乔木类和坚果类

- 夏季可将放在温室里生长的柑橘属果树挪到户外。
- 为柑橘属果树疏果。
- "六月落果"（详见《苹果》，第57页）后为苹果树和西洋梨树疏果。
- 夏季为所有限定树形的植物整形（详见第28页），包括苹果树和西洋梨树。
- 在毛桃树、油桃树、杏树、苹果树、西洋梨树、李树、欧洲李树和乌荆子李树上悬挂黄蜂诱捕器。
- 收获樱桃、杏、毛桃和油桃，然后修剪果树。
- 收获李、欧洲李和乌荆子李，然后修剪果树。
- 收获柑橘属水果、石榴、黑桑葚、欧洲榛和大果榛。
- 夏季末，收获早熟的苹果和西洋梨。
- 将欧洲榛和大果榛树的新枝掰折（详见"栽种秘笈"，第130页）。
- 收获核桃，然后从仲夏开始修枝。
- 收获扁桃，然后为树木修枝。
- 收获无花果、白醋栗，摘掉不成熟的果实。

无核小果和瓜果类

- 夏季要修剪红醋栗、白醋栗、粉红醋栗和鹅莓。
- 夏季要修剪猕猴桃，为葡萄串疏果。葡萄成熟后收获。

- 为甜瓜浇水和施肥，疏剪膨大的果实。在剩余的甜瓜生长时，用网兜或旧的连裤袜做好支撑和保护。
- 收获草莓、醋栗、鹅莓、热情果、黑莓及其杂交品种，以及越橘、葡萄、甜瓜和蓝莓。
- 收获夏季结果的树莓，随后疏剪茎条，和新枝条绑在一起。
- 如果需要，可以用压条法固定草莓的匍匐茎来繁殖新植物，或者剪掉所有的匍匐茎。
- 要密切留意温室里是否有红蜘蛛螨。

秋季

- 订购新的果树（尤其是裸根灌木）。
- 好好整地，然后开始栽种新的果树。
- 定期除掉果树周围的杂草。
- 检查受到干旱威胁的植物，尤其是盆栽的、靠墙种的和新栽种的。

乔木类和坚果类

- 这是修剪核果树的最后机会。
- 收获欧楂，铺开放软变熟（详见《欧楂》，第64页）。
- 收获苹果和西洋梨，完好无损地存放起来。
- 收获李、欧洲李、乌荆子李、柑橘属水果、楹桲、油橄榄、无花果、杏、樱桃、毛桃、油桃、柿、香桃木果实和石榴等。
- 收获美国山核桃、甜栗和核桃，妥善存放。
- 将柑橘属植物再次挪入室内或者温室，开始减少浇水次数。

冬季修剪苹果树和西洋梨树，这时候很容易看清每棵
树的树形

用纸把健康的苹果包起来，存放在阴凉干燥处，需要吃的
时候取出

- 修剪核桃树。
- 绕着果树的树干涂抹凡士林油脂，防
  止冬尺蠖的侵袭。

无核小果和瓜果类
- 去除草莓基部的稻草和老叶，打理
  植株，在冬季寒冷的时候要将顶部
  露出。
- 栽种新的草莓。
- 继续用网兜或旧连裤袜支撑和保护甜
  瓜，果实成熟后收获。
- 收获葡萄、黑莓及其杂交品种、秋季
  结果的树莓、晚季和四季结果的草莓、
  宁夏枸杞、热情果、越橘和蓝莓。
- 收获猕猴桃，随后将结果枝截短，只
  留 5 片叶子，这样可以让植物集中能
  量结果。
- 收获蔓越莓，随后轻剪植物。

冬季
- 定期除掉果树周围的杂草。
- 不时查看所有存放起来的水果，看看

有没有腐烂和染病的。
- 订购新的果树（尤其是裸根灌木）。
- 整地，然后开始栽种新的果树和
  植物。

乔木类和坚果类
- 收获柑橘属果实，并为它们施肥。冬
  季末修枝。
- 检查果树是否固定绑好，如果需要可
  以松一松。
- 修剪苹果树、西洋梨树、欧楂树和榅
  桲树。
- 快到冬季末时，用园艺用羊毛保护核
  果树早开的花朵免受霜冻的侵害。
- 当欧洲榛和大果榛的柔荑花序打开时
  修剪树木。

无核小果和瓜果类
- 剪掉所有秋季结果的树莓茎条。
- 修剪葡萄藤。
- 修剪黑醋栗、红醋栗、白醋栗和鹅莓。

Original Title: The Kew Gardener's Guide to Growing Fruit

First published in 2019 by White Lion Publishing,

an imprint of The Quarto Group.

Text © 2019 Kay Maguire

Illustrations © the Board of Trustees of the Royal Botanic Gardens, Kew

This edition first published in China in 2023 by BPG Artmedia (Beijing) Co., Ltd, Beijing

Simplified Chinese edition © 2023 BPG Artmedia (Beijing) Co., Ltd

图书在版编目（CIP）数据

英国皇家植物园栽种秘笈：水果 /（英）凯·马圭尔著；邢彬译. — 北京：北京美术摄影出版社，2023.6

（邱园种植指南）

书名原文：The Kew Gardener's Guide to Growing Fruit

ISBN 978-7-5592-0529-2

Ⅰ. ①英… Ⅱ. ①凯… ②邢… Ⅲ. ①水果—果树园艺 Ⅳ. ①S66

中国版本图书馆CIP数据核字(2022)第123291号

北京市版权局著作权合同登记号：01-2021-2072

责任编辑：于浩洋
责任印制：彭军芳

邱园种植指南

英国皇家植物园栽种秘笈
水果

YINGGUO HUANGJIA ZHIWUYUAN ZAIZHONG MIJI SHUIGUO

[英] 凯·马圭尔　著

邢彬　译

出　版　北京出版集团
　　　　　北京美术摄影出版社
地　址　北京北三环中路 6 号
邮　编　100120
网　址　www.bph.com.cn
总发行　北京出版集团
发　行　京版北美（北京）文化艺术传媒有限公司
经　销　新华书店
印　刷　广东省博罗县园洲勤达印务有限公司
版印次　2023 年 6 月第 1 版第 1 次印刷
开　本　787 毫米 × 1092 毫米　1/32
印　张　4.5
字　数　104 千字
书　号　ISBN 978-7-5592-0529-2
定　价　89.00 元

如有印装质量问题，由本社负责调换
质量监督电话　010-58572393